JN268424

情報数学の世界
1

パターンの発見
離散数学

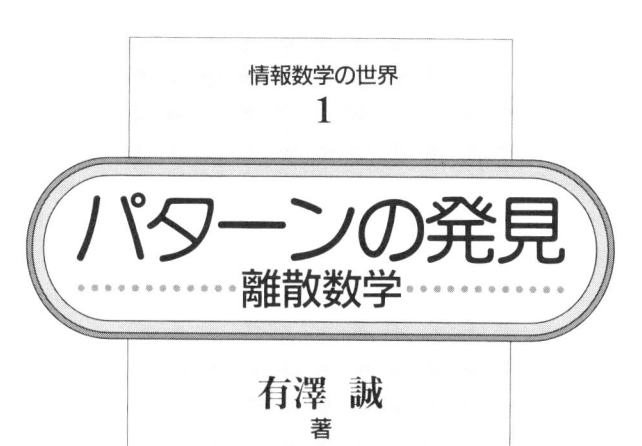

有澤 誠
著

朝倉書店

まえがき

インターネットなど情報通信ネットワークが急速に普及し，情報技術（IT）のもつインパクトが大きい社会になった．国の基幹産業が，機械技術から電子技術を経て情報技術へシフトしている．エレクトロニクスからコンピュータ工学を経て，近い将来にはコンテンツ工学やメディア工学のもつ重みが増していくことと予測できる．その過程で，こうした技術の基礎となる数理的なものの考えかたの内容にも，少しずつ変化が生じている．

こうした背景のもとで，朝倉書店から「情報数学の世界」シリーズ全5巻を出版することになった．筆者が勤務する慶應義塾大学湘南藤沢キャンパス（SFC）では，開設10年を経過して，新しいカリキュラムに移行している．その中に新設した「情報数学Ⅰ」の講義ノートを材料にして，本シリーズを執筆している．本書はその第1巻で，離散数学を扱っている．

本書を通して主張していることは，情報数学の基本が，種々の現象の中からパターンを発見する過程を重視する点である．数式にモデル化したものの操作よりも，数式の形に至る前のパターン発見に，数学のおもしろさがある．おっくうがらずに具体例を書き上げてみることで，そうしたパターンを見出すことができる．その意味を込めて，第1巻の表題は『パターンの発見―離散数学』としてある．

本書は，1学期15週の授業の教材を前提として構成してある．通常，15週のうちから，中間試験やレポート発表やゲストの講義などに2週ほど割くため，全部で13章としている．ここで13という数から，トランプのAからKまでに対応させてみた．本の章構成をトランプに対応させた例としては，筆者の愛読書のBerlekamp–Conway–Guyの"Winning Ways"（1982）というゲームの数理を扱った本がある．これはそれぞれが厚い上下2巻本であるが，本シリーズではそれぞれが比較的薄目の全5巻構成にした．第1巻がクラブで，以下ダイヤ，ハート，スペード，そして第5巻のワイルドカードと続ける計画である．この第5巻目で，さ

きの "Winning Ways" の内容の一部にも触れたいと考えている．

筆者の「情報数学I」の受講者の多くは，高校時代に文系の数学を学んできた学生たちである．したがって，理系の数学のような，記号や数式に溢れた数学には縁が遠い．本書でも，日常的なことばや具体例を用いて，情報数学を展開していくように努めている．そうは言っても，部分的に抽象的な記号や数式を使う必要が生じてはいるが，それは最小限にとどめたつもりである．

本書の表題にあえて数学の字を含めるかどうかも迷った．実はSFCのカリキュラムの最初の改訂作業で，その責任者だった筆者は，「数学I」「数学II」などの科目名を，「図形の科学」「数理モデル」など数学の文字を含まないものに変えてみた．科目名から数学の二文字を消すことで，数学嫌いの学生たちにも数理的なものの考えかたを学ぶ授業を受講してもらおうという意図であった．名称変更によって，わずかながら受講生は増加したと記憶している．しかし今回は，数学の名称をあらためて復活させて，その中で数学アレルギーを解消することをめざしている．これが成功するかどうかは，あと数年たつと分かる．

本書の執筆に当たっては，朝倉書店編集部の担当者のかたがたに，たいへんお世話になった．また筆者の「情報数学I」のTA（授業を補佐する大学院生）とSA（同学部生）の諸君にも，いろいろ手伝っていただいた．この場を借りてお礼を申し上げる．

本書が，IT時代の若い人たちにとって，数理的な世界になじむために役立ってくれることを，心から期待している．

なお，本書執筆関連経費の一部を，2000年度慶應義塾学事振興資金の研究費から支出したことを記しておきたい．

2001年4月

有澤　誠

目　　次

1. 数 の 世 界 ……………………………………………… 1
2. 素数と円周率 …………………………………………… 11
3. 離 散 確 率 ……………………………………………… 18
4. 統　　　計 ……………………………………………… 28
5. 順列と組合せ …………………………………………… 37
6. 組 合 せ 数 ……………………………………………… 48
7. 文　字　列 ……………………………………………… 59
8. 同値関係と順序関係 …………………………………… 68
9. 代 数 構 造 ……………………………………………… 78
10. 関　　　数 ……………………………………………… 86
11. グラフ理論 ……………………………………………… 95
12. 木　構　造 ……………………………………………… 106
13. フローグラフ …………………………………………… 116

　　索　　引 ………………………………………………… 121

1
数 の 世 界

　数学は数を扱う学問がもとになっている．数を扱うことで，種々の対象世界を抽象化し，記号化することができる．

*

　ものの個数を数えるとき，自然数を使う．自然数は 1, 2, 3, 4, 5 …である．最近，数のことを数字とよぶ人が増えている．数字は，数を記録するための記号のことであって，数の値のことではないが，両者を区別しない使いかたをしていて，気になる．

　似たような例はメニューである．もともと料理の献立表を意味しているが，最近は料理そのものをさしてメニューという人が増えてきた．パソコンのウィンドウでメニューといえば，システムが提供する機能一覧表のことで，幸いこちらはまだ機能そのものをメニューとよぶ人は少ない．

*

　数字を英語では digit という．これはラテン語の指を表すことばからきている．数を数えるとき，両手の指を使うことは，昔も今も変わらない．人間の手には左右合わせて 10 本の指があることから，10 進法ができた．10 は 2 と 5 の積であり，それより $2 \times 2 \times 3 = 12$ の 12 進法のほうが，約数が多くて便利だという人もいる．反対に 11 進法や 13 進法など，1 とその数しか約数をもたない素数を選ぶほうが，理論的に美しいという学者もいる．10 を基準に選んだことがよかったかどうか分からない．

*

　ローマ数字で数を記述する方法は，簡明直截である．I, II, III, IIII と I をその数だけ並べる．しかしこれだと大きな数には不便だから，5 を V で表し，10 を X

で表す．ここでも5に特別な文字を使うのは，片手の指の数によるものと想像できる．そこで1, 5, 10の文字を必要な個数だけ並べて数を表す．

I, II, III, IIII, V, VI, VII, VIII, VIIII, X, XI, XII, …, XV, …XX, …, XXX, …

さらに50にはL，100にはC，500にはD，1000にはMを使う．たとえば1944という数は，MDCCCCXXXXIIII となる．1944年は私が生まれた年であるが，この記法だと14個の記号が並んで，やや複雑である．そこで4を5-1の意味でIVと書く方法が出てきた．同様に40は50-10でXLになり，900は1000-100でCMになる．そこで1944はMCMXLIVとなり，これなら前の半分の7個の記号ですむ．

*

自然数には0を含めない．この「ゼロの発見」が，数学が大きく進展するための第一歩になった．その起源は5～6世紀頃のインドともいわれる．アラビア数字も，最初インドで発明されたものが，アラビアを通ってヨーロッパに伝わったらしい．アラビア数字の位取りの記数法には0が不可欠である．1の位，10の位，100の位，1000の位と，それぞれに対応する数を0から9までの10種類の数を並べて記述することで，大きな数を簡潔に表現できる．そろばんを用いた計算も，この位取り記数法のおかげで，効率よくおこなえる．そろばんの原形となるものは，紀元前のローマ時代からあったらしいが，このとき位取りを意識していたかどうか，興味深い．おそらく，ここにはIが集まっており，ここにはXが集まっている，とみなして計算していたのではないかと想像する．そのとき，ゼロの概念をどうしたのだろうか．中国では，ゼロを表す特別な文字は用意してあったが，それは数字の仲間に含めなかったらしい．

*

ものの数を数えるとき，1から始めることが一般的である．1, 2, 3…と数を対応づけしていき，たとえば10まで達したら，10個が個数である．しかし，数を0から数え始めることもある．たとえば年齢を数えるには，数え年方式と満年齢方式とがある．数え年は，生まれたときに1歳，その年が明けて新年になると2歳，という数えかたをする．足掛け何年この世に生を受けていたかを表すといってもよい．これに対して満年齢のほうは，生まれたときに0歳，365日経過して誕生日

になると1歳，さらに365日経過してまた誕生日が巡ってくると2歳，という数えかたをする．生まれた時点から，1年という期間の何倍生きてきたかを，端数切捨てで表している．

たとえば2001年12月25日に生まれたこどもは，数え年ではその時点で1歳であり，2001年が明けて2002年になると同時に2歳になり，2003年になると同時に3歳になる．これに対して満年齢では，2001年12月25日から2002年12月24日までが満0歳，2002年12月25日から2003年12月24日までが満1歳，となる．

なお，年明けとは，夜明け，梅雨明け，休み明けなどと同様に，古い年が終わる意味である．明けるのは旧年であって新年ではないことに要注意．

＊

実は日本の年齢の数えかたに関する法律では，満年齢で1歳増えるのは誕生日ではなく，誕生日の前日になっている．ここの例では，12月25日生まれの人は12月24日に1歳分だけ満年齢が増える．就学児童の年限の境目が，4月1日生まれまでが早生まれ，4月2日生まれ以降が遅生まれとなっている理由もここにある．学校暦の年度境界の3月末と4月初のところで，満6歳になっているのは3月31日に1歳増えている4月1日生まれのこどもまでである．

そのような計算になっている理由は，満年齢の実体が，実際は日を単位とした数え年方式だからである．すなわち，誕生日の12月25日で1日，翌日の12月26日で2日と数えていく，翌年が閏年でないとして，12月23日で364日，12月24日で365日に達し，これで1年だから満1歳としている．

これと同様に，一見すると満で計算しているようにみえて，実際は単位を小さくした数え年方式という例は他にもある．たとえば就職して1年経過後に月給を昇給できるという規則を，4月に就職した職員の翌年3月分から昇給という形で適用した例がある．ここでも，月単位で数え年方式の計算をしている．4月に就職した人は，翌年3月になった時点で12ヶ月とみなし，1年経過の昇給条件を満たしたことになった．ただし，このような昇給事例はあまり多くなく，通常は年度変りの4月昇給という自然な形である．

＊

さて，自然数に0が加わって，加算だけでなく減算のもつ意味が大きくなった．

等しい数同士の減算の結果を 0 で表すことができる．しかしこのことから，常に減算が可能になるように，数を拡張して負数を導入することになった．これまでの正数を数直線上に並べたとき，0 と対称となる位置には負数が並ぶ．

　小さな数から大きい数を差し引くと，結果が負（マイナス）になる．このことから，負数を何かが欠けている状態と捉えて，赤字金額がマイナス，黒字金額がプラスと理解することもできる．

　われわれの日常生活では，温度計の目盛が負数を自然に用いている．氷点下の温度を，マイナス 1 度，マイナス 2 度などとよぶ．こちらは，負数を単なる状態と捉えている．負数に，この 2 種類の意味をもたせることで，数も自然数から整数に広がり，数そのものの概念も広くなった．

*

　加算と減算の次は乗算であり，これは整数の範囲で閉じている．そこで，掛け算九九の話題に触れよう．

　最近は掛け算九九の表を 1 の段から覚えるらしい．$1 \times 1 = 1$ から $9 \times 9 = 81$ まで，全部で 81 通りをひたすら記憶する．しかしある数の 0 倍は常に 0 という規則に加えて，ある数の 1 倍は常にその数，という規則を覚えておけば，$2 \times 2 = 4$ から始めればよく，全部で 64 通りですむ．私の小学生時代はそうだった．

　しかも，掛け算の順序を入れ換えても結果が同じになるという性質を使えば，$3 \times 2 = 6$, $4 \times 2 = 8$, $4 \times 3 = 12$ などは不要で，掛け算九九の表は表 1.1 のような対角線で区切った三角形になる．これだと全部で 36 通りですむ．これは天才少年だった数学者ガウスの逸話のように，

$$8 + 7 + 6 + 5 + 4 + 3 + 2 + 1 = (8 \times (8+1))/2 = 36$$

と計算することができる．私が購読していた雑誌（講談社の「幼年クラブ」か小学館の「小学 3 年生」のどちらか）に，表 1.1 の掛け算表が出ていたことを覚えている．

　もうひとつ掛け算九九の話題として，5 の段までしか九九を知らない場合の方法というのがある．

表 1.1 九九の表

2×2=4	2×3=6	2×4=8	2×5=10	2×6=12	2×7=14	2×8=16	2×9=18
	3×3=9	3×4=12	3×5=15	3×6=18	3×7=21	3×8=24	3×9=27
		4×4=16	4×5=20	4×6=24	4×7=28	4×8=32	4×9=36
			5×5=25	5×6=30	5×7=35	5×8=40	5×9=45
				6×6=36	6×7=42	6×8=48	6×9=54
					7×7=49	7×8=56	7×9=63
						8×8=64	8×9=72
							9×9=81

たとえば 7×8 は，左の指を 3 本折って 2 本立てて 7 を表し，右の指を 2 本折って 3 本立てて 8 を表して，立っている指の数 (2+3)×10 と折った指の積 3×2 とを加えて 56 となる．6×9 なら，左が 4 本折って 1 本立て，右が 1 本折って 4 本立てているから，(1+4)×10+4×1=54 である．

一般に $p \times q\, (5 \leq p, q \leq 9)$ について積 pq を求める．さきの方法は次のようになる．

$$(10-p) \times (10-q) + 10 \times ((p-5) + (q-5))$$
$$= (100 - 10p - 10q + pq) + (10p + 10q - 50 - 50)$$
$$= pq$$

しかし，この方法を p か q のいずれかが 5 未満の場合に適用しようとすると，うまくいかない．たとえば 4×7 だったら，4×5+4×2=20+8=28 とするしかない．

＊

四則演算で，加算，減算，乗算までは整数の世界で閉じている．しかし乗算の逆演算の除算については，たとえば 1÷2 や 2÷3 は割り切れない．そこで分数が登場する．数を分子と分母の対で表現する．整数は分母が 1 の場合に相当する．分子には任意の整数を使えるが，分母には 0 を使うことはできない．また，分母は正の整数にしておいたほうが単純である．さらに，値が同じ数を複数通りの分数に記述できるため，標準形を定めておくほうが便利である．そこで，分母が正整数の既約分数の形を標準形としておき，分母が 1 の場合は整数形のままとする．既約分数とは，分子と分母が互いに素である（共通の約数をもたない）ことをさしている．

分数まで含めた数を有理数とよぶ．有理数の世界は，加減乗除の四則演算で閉じている（演算結果がもとの数の集まりの中に収まる）．

　分数は，測量などの現場で使うには扱いにくい．そろばんを用いた計算でも，分数をそのまま扱うことはできない．そこで小数が出てくる．整数の 1 より小さい正数部分を，小数点以下の数として表す．そろばんで 1/10 の位，1/100 の位というように，位取りを自然に拡張していけば小数の世界になる．ただし，分数では 1/3 や 1/7 などすっきり書ける数が，小数の記法では 0.3333333… や 0.142857142857… のように無限小数になることがある．

　円周率 π の値など，もともと無限小数でしか記述できない数が存在する．そのような数を超越数とよぶ．分数の場合は，無限小数といっても同じパターンの反復であるが，超越数の場合はそのようなパターンがない．次の桁にどの数が現われるか予測できないことが多い．

＊

　代数方程式 $x^2=2$ の根も，無限小数でしか記述できない数である．この数は，2 乗すれば 2 になる数という意味で，$\sqrt{2}$ と書くことにする．その値を小数で書けば，1.41421356…（ひとよひとよにひとみごろ）となる．このように，正整数のべき乗根を，無理数とよぶ．2 乗すれば 3 になる数が $\sqrt{3}$ (1.7320508：ひとなみにおごれや)，2 乗すれば 5 になる数が $\sqrt{5}$ (2.2360679：ふじさんろくおうむなく) などである．他にも $\sqrt{10}=3.1623$，$\sqrt{\pi}=1.7725$，$\sqrt{2\pi}=2.5066$ あたりは記憶しておくとよいかもしれない．なお，ここまでの段階では，ルートの中に負数を書くことはできない．

＊

　有理数と，超越数を含む無理数までの範囲を，実数とよぶ．実数は，大きさの順に直線状に並べることができる．これを数直線とよぶ（図 1.1）．必ず大小関係（等号を含む：$\geqq$）が成り立つことは，実数の重要な性質のひとつである．

　実数の世界では，まだ代数方程式の根がすべて収まっていない．2 次方程式の根の公式をみると，ルートの中に負数が入ることが生じる．そこで，実数をさらに拡張する．方程式 $x^2=-1$ の根を $\sqrt{-1}$ と書き，これを小文字のアイ（i）で表す．

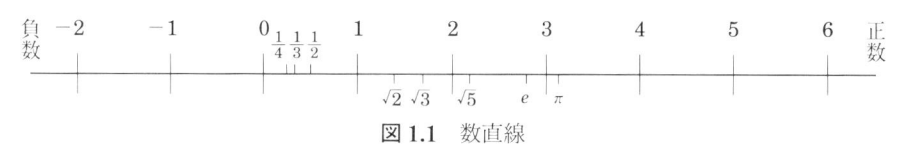

```
負           -2         -1         0 1 1 1    1         2         3         4         5         6      正
数                                   4 3 2                                                           数
                                           √2 √3  √5      e  π
```
図1.1　数直線

このiを虚数単位とよぶ．2乗すると-1になるような数値は実世界に存在せず，抽象度を高めた世界にのみ存在することから，「実」に対して「虚」の字を当てている．

　一般の数は，実数部分と虚数部分を組み合わせて，$x+yi$ という形になる．これを複素数とよぶ．実数までの範囲は，1本の数直線上に大きさの順に並べることができた．しかし複素数は，2次元の平面上に配置することになる．横軸が実軸で縦軸が虚軸になる．これを複素平面とよぶ(図1.2)．たとえば $x+yi$ という数は，(x,y) という座標位置に対応する．

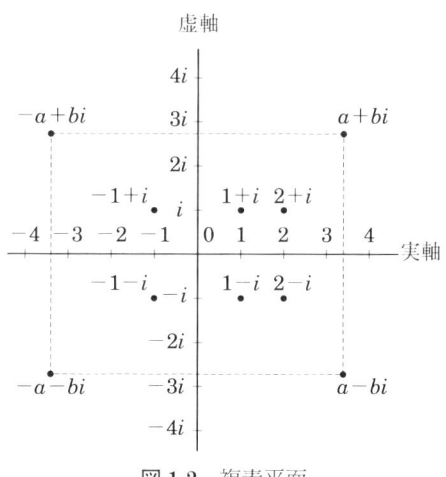

図1.2　複素平面

　複素数の世界では，ふたつの数の間に大小関係が成り立たないことがある．たとえば，$1+i$ と $1-i$ とを比べたとき，大小比較はできない．複素平面上に位置づけたとき，中心の $(0,0)$ の位置にある数 0 までの直線距離を比べることはでき，

これを複素数の大小関係として採用することは可能である．

*

　複素数が 2 次元の複素平面を埋めている数だとすれば，3 次元空間や 4 次元空間に拡張することもできる．たとえば 4 次元空間の場合を四元数という．これは数を $x+yi+zj+wk$ の形に表現する．ここで j と k は第二・第三の虚数単位に相当して，$1+i^2+j^2+k^2=0$ という関係を満たす．この式は $1+i^2=0$ を拡張したものになっている．さきほどの数は 4 次元の四元空間の (x,y,z,w) という座標位置に相当する．われわれが住んでいる空間は，時間次元まで含めて 4 次元になることから，四元数がその空間のすべての点を表すものとして，モデル化することができる．実際，私が卒業した大学の学科の数理コースでは，四元数を扱う授業が必修だったこともあり，同窓会に「四元会」という名前がついている．おそらく，学生時代に四元数で悩まされた思い出を，同窓会名として残したのであろう．

*

　最後に少し変わった数体系についての話題を取り上げて，この章の結びとする．古典的なパズルに「百五減算」というものがある．ある人の年齢を，3 で割った余りは 2，5 で割った余りは 3，7 で割った余りは 2 である．この人は何歳か，といった問題である．年齢を直接尋ねるのは失礼だから，こうしたパズル仕立てにしたという設定になっているが，ややもって回った気もする．それに，割算の剰余の計算は，ときどき間違えてしまう人もいる．

　この問題では，3 個のマジック数として，70, 21, 15 を選んでやると，0 から 104 までの任意の数を $70x+21y+15z \pmod{105}$ の形に表現できる性質を利用する．ただし x,y,z はそれぞれ 3, 5, 7 で割った余りである．また mod 105 は 105 で割った余りを意味する．

　したがって，さきほどの問題の解は，次のように計算できる．

$$70\times 2+21\times 3+15\times 2=233 \pmod{105}=23$$

ここで，0 から 104 までの数が，三つ組 (x,y,z) の $3\times 5\times 7=105$ 通りの異なる組合せにひとつずつ対応するところが要点である．すなわち，$(3,5,7)$ という三つ組に対して，$(70,21,15)$ というマジック数の三つ組が存在する点が重要になる．実は，70 は 5 と 7 の公倍数で 3 で割った余りが 1 となる最小の数である．また 21

は 3 と 7 の公倍数で 5 で割った余りが 1 となる最小の数である．同様に 15 は 3 と 5 の公倍数で 7 で割った余りが 1 となる最小の数である．これは，図 1.3 のように描くと，ここで議論している世界の構造がはっきりする．

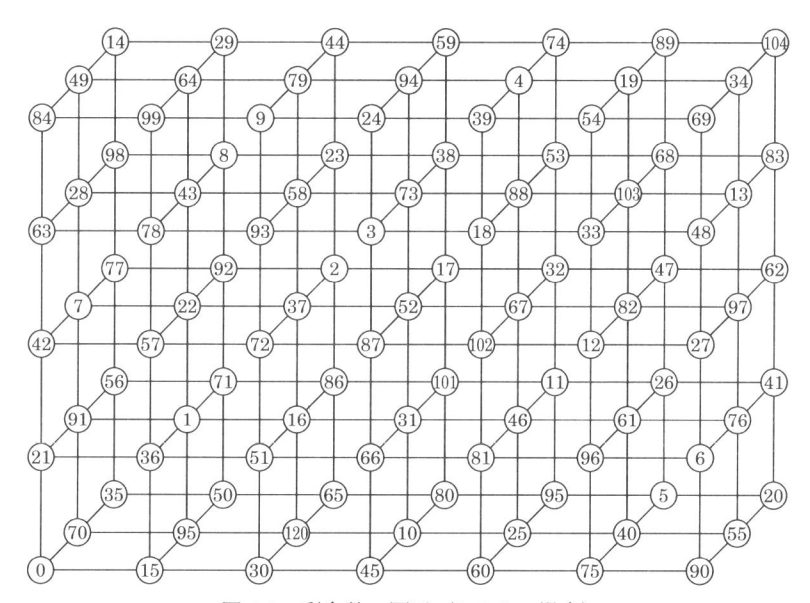

図 1.3 剰余数の図示（3-5-7 の場合）

ここでは百五減算として，3, 5, 7 を基数に選んでいる．しかし，互いに素な 3 個の数なら，何を選んできてもよい．最も小規模なのは，2, 3, 5 の場合で，次の図 1.4 のようになる．こんどは三十減算になり，年齢当てパズルには向かないが，

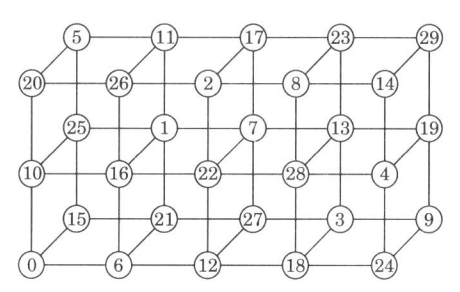

図 1.4 剰余数の図示（2-3-5 の場合）

何番目のアイスクリームが好きかといった場合なら手ごろであろう．

　ここでは基数を3個にしたが，これも増やすことができる．そこで，N 個の基数が互いに素であれば，それぞれの基数で割った剰余 N 個の組でひとつの数を表現できる．この事実は，中国人の剰余定理として知られている．このような数のことを剰余数，またはレシデュー数（residue number）とよぶ．通常の数に戻すためのマジック数も N 個必要になる．またさきほどの図のように配置すると，N 次元空間の格子の形になる．

＊

　この剰余数は，パズルの題材だけでなく，いくつか実用的な興味深い性質をもっている．特に昔のコンピュータは除算の演算速度が遅かったため，高速で演算するための回路を用意するために，剰余数をコンピュータ内部の数表現として採用することを検討したこともあった．また私は，剰余数の構造を多次元の組合せハッシュ表というプログラミング技術に適用することを考えたこともある．

●参考文献

- 数学セミナー編集部(編)：数学100の問題 数学史を彩る発見と挑戦のドラマ，日本評論社，1999．（一松信による円周率の近似値の章）
- Ronald L. Graham, Donald E. Knuth, Oren Patashnik : Concrete Mathematics, A Foundation for Computer Science (2 nd ed.), Addison-Wesley, 1989/1994.
  有澤　誠，安村通晃，萩野達也，石畑　清（訳）：コンピュータの数学，共立出版，1993．（これは初版の訳で，第2版の訳はまだ出ていない）
- 一松　信，竹之内　脩(編)：(改訂増補) 新数学事典，大阪書籍，1979/1991．
- 島内剛一，有澤　誠，野下浩平，浜田穂積，伏見正則(編)：アルゴリズム辞典，共立出版，1994．
- 有澤　誠：Residue 数に関するノート．電子通信学会論文誌 **54C** (3)，278-279，1971．
- 有澤　誠：Residue Hash 法．情報処理 **12** (3)，163-167，1971．
- Keith J. Devlin : Mathematics, The Science of Patterns, Scientific American Library, 1994/1997.
- Donald E. Knuth : The Art of Computer Programming Vol.3, Sorting and Searching (2 nd ed.), Section 6.4, Addison-Wesley, 1973/1997.

2

素数と円周率

　整数の議論をする際に，まず素数の話題を取り上げる．素数とは「1とその数以外には約数をもたない数」である．ここで1を素数に含めるかどうかが問題になるが，通常は含めないほうの定義を採用する．したがって，素数を小さいほうから並べていくと，最初の100個の素数は次のようになる．

2	3	5	7	11	13	17	19	23	29
31	37	41	43	47	53	59	61	67	71
73	79	83	89	97	101	103	107	109	113
127	131	137	139	149	151	157	163	167	173
179	181	191	193	197	199	211	223	227	229
233	239	241	251	257	263	269	271	277	281
283	293	307	311	313	317	331	337	347	349
353	359	367	373	379	383	389	297	401	409
419	421	431	433	439	443	449	457	461	463
467	479	487	491	499	503	509	521	523	541

さらに200番目，300番目など，きりのよい場所に出てくる素数は次の通り．

100番目の素数	541	200番目の素数	1223
300番目	1987	400番目	1741
500	3559	600	4409
700	5279	800	6133
900	6997	1000	7819

　素数が無限個あることは簡単に証明できる．したがって，素数の分布パターンを調べることには，多くの人たちが興味をもってきた．素数を見つける方法は，ギリシアのエラトステネス（K. Eratosthenes, 275 B.C.?–194 B.C.?）による「ふるい分け法」が有名である（図 2.1）．この方法は，まず自然数を一列に並べて候補

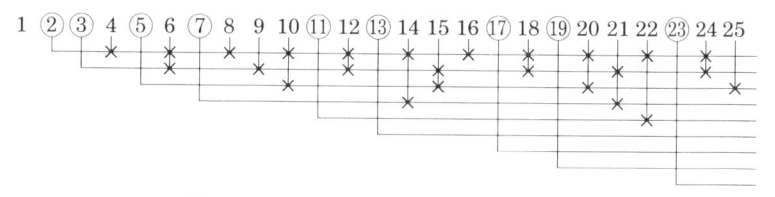

図2.1 エラトステネスのふるい分け法

リストとしておく．まず1を消去する．この時点での最小値2を素数リストに含め，候補リストから2の倍数をすべて消去する．この時点での最小値3を素数リストに含め，候補リストから3の倍数をすべて消去する．以下同様に，この時点での最小値5が素数リストに加わり，5の倍数を候補リストから消去し，7を素数リストに含め，…と続けていく．

この方法は，素数の分布パターンの性質のいくつかを暗黙的に示してくれる．もし自然数を放射状に並べたとき，ある数の倍数は中心からある方向に向かう直線上に並ぶ．その直線上には素数は最も中心に近いところに1個だけしか存在しない．

特に11と13，17と19，29と31など，差が2の素数の組を双子素数とよぶ．双子素数は，さきの100個の素数表にも頻繁に現れている．双子素数も無限組存在することが予測できる．コンピュータによる探索も進んでいる．しかし，この予測の証明はまだ知られていないはずである．

*

もうひとつ有名な素数の特徴づけが，メルセンヌ素数である．フランスのメルセンヌ（M. Mersenne, 1588–1647）は，2の素数べき乗マイナス1（2^p-1）の形をした数はすべて素数になると予想した．ここで便宜的に1も素数に含めて考えれば，次のようになる．

$$M_1 = 2^1 - 1 = 1 \quad M_2 = 2^2 - 1 = 3$$
$$M_3 = 2^3 - 1 = 7 \quad M_5 = 2^5 - 1 = 31$$
$$M_7 = 2^7 - 1 = 127$$

しかし残念なことに，次の段階でパターンは崩れてしまう．

$$M_{11}=2^{11}-1=2047=23\times 89$$

それでも，p を素数として 2^p-1 の形をした素数は，この後にもいくつも現われる．そこでそのような素数をメルセンヌ素数とよぶ．M_{31}, M_{61}, M_{89} …などがメルセンヌ素数であり，p の値で並べると次のように 37 個が見つかっている．

2	3	5	7	13	17	19	31	61	89
107	127	521	607	1279	2203	2281	3217	4253	4423
9689	9941	11213	19937	21701	23209	44497	86243	110503	132049
216091	756839	859433	1257787	1398269	2976221	3021377			

メルセンヌ素数は，2 の p 乗マイナス 1 という形だから，これを 2 進法で記述すると 1 ばかりが p 個並ぶ形になる．たとえば 2^2-1 は 2 進法で 11，2^3-1 は 111，2^5-1 は 11111 である．したがって $2^{3021377}-1$ は 2 進法で 2 を 302 万余り並べた数になる．2 進数で数値を内部表現したコンピュータからみると，特別の性質をもつ素数であることがいっそうはっきりする．100 万を越えるような大きな素数を使いたいとき，既知のものとしてはメルセンヌ素数が代表的であるが，こればかり使うことはややリスキーな気がする．

小さいほうから順に素数を生成するのではなく，ある数が素数かどうか判定する方法も必要である．これには，ルーカス（E. A. Lucas：リュカと記述した本もある）が 1876 年に提案した方法などがある．近年，コンピュータ暗号技術で大きな素数を探す必要が生じて，素数についての関心が実用的なものに変質した．

*

素数を多く生成するような単純な数式も，実用上は便利である．素数生成多項式という．たとえば $4x^2+4x-1$ という式がある．x に 1, 2, 3… を入れて計算すると，7, 23, 47, 79, … と素数が並ぶ．もちろん 2 次式で疑似素数生成式を作るには限界があるが，この式は成功例のひとつである．他にも x^2+x+41 があり，これはオイラーが見つけたものである．

*

こんどは円周率の話題である．

ギリシア語の $περιφερεια$（円周：英語の peripheral の語源か）の頭文字をとって $π$ と書くことはオートレッド（W. Oughtred）が始め，オイラーが定着させた．

円周率：3
　　　3.14
　　　3.142
　　　3.1416
　　　3.14159 26535 89793 23846 26433 83279 50288 4197（40桁）
覚えかた：さんいしいこくにむこう　　産医師異国に向こう
　　　　　さんごやくなく　　　　　　産後薬なく
　　　　　さんじみやしろに　　　　　産児御社に
　　　　　むしさんざんやみになく　　虫散々闇に鳴く
　　　　　ごれいにははよいくな　　　御礼には早よ行くな

初めて 0 が出るところまで 33 桁覚えている人も多い．

　覚えやすい分数の形での近似値もある

$$\frac{22}{7}=3.14285714\cdots,\qquad \frac{355}{113}=3.14159292\cdots$$

さらに次のようなものもある

$$\left(\frac{4}{3}\right)^4=3.1604\cdots$$

$$\left(\frac{16}{9}\right)^2\quad(1650\text{ B.C.エジプトのヒクソス王朝時代})$$

$$\sqrt{10}=3.1622\cdots$$

*

　英語では，π に出てくる数字を文字数に対応させた文で覚える．幸いに 0 がなかなか現れないため，この方法が使える．次のような 2 種類の文が知られている．

　　Now I know a spell unfailing, An artful charm for tasks availing,
　　　3　1　4　1　5　　　9　　2　6　　5　3　5　　　8
　　Intricate results entailing. Not in too exacting mood,
　　　9　　　7　　　9　　3 2 3　　　8　　4
　　Poetry is pretty good. Try the talisman. Let be adverse ingenuity.
　　　6　　2　6　　4　　3　3　　　8　　3 2　7　　　9

　　May I tell a story purposing to render clear the ratio circular
　　　3　1　4　1　5　　　9　　　2　6　　5　3　5　　8

perimeter breadth, revealing one of the problems most
    9   7   9   3 2 3   8   4
famous in modern days, and the greatest man of science anciently knows.
   6   2   6   4   3 3   8   3 2   7   9   5

同様の方法で，ドイツ語やフランス語の文もあり，文献に出ている．

＊

聖書では3を円周率に採用している．列王紀上7に，ソロモン王が宮殿を造営した際のことが細かく述べてあり，7節23項に円形の海の直径が10で周囲を測ったら30と書いてある．

「また海を鋳て造った．縁から縁まで10キュビドであって，周囲は円形をなし，高さは5キュビドで，その周囲は綱をもって測ると30キュビドであった．」

英文のHoly Bible (King James Version) では次の通り (I Kings 7-23).

   And he made a molten sea, ten cubits from the one brim to the
   other: it was round all about, and his height was five cubits:
   and a line of thirty cubits did compass it round about.

文部省の新指導要領でもおおよそ3となっている．(誤差5％は日常生活では許容範囲内である．)

＊

円周率をコンピュータによって何桁まで計算するかの競争もある．東京大学の金田康正は何度も記録を更新し，1995年に6442450938桁に達している．その後も記録更新中らしいが，手元にデータがない．インターネットに約2億桁までの値を公開している．

そのいっぽうで，私の恩師である和田英一先生と伊理正夫先生は，つまらないことにコンピュータのパワーを使っていると円周率の計算競争に批判的だった．これは定年後にやる仕事で，若い人がライフワークのテーマとすべきではないと，かなり厳しいことを言っておられたことを覚えている．

＊

こうした計算には，円周率を求める公式を使う．

ガウス (Gauss) の公式は次のようである．

$$\pi = 48\arctan\left(\frac{1}{18}\right) + 32\arctan\left(\frac{1}{57}\right) - 20\arctan\left(\frac{1}{239}\right)$$

シュテルマー（F. C. M. Störmer）の公式は次のようである．

$$\pi = 24\arctan\left(\frac{1}{8}\right) + 8\arctan\left(\frac{1}{57}\right) + 4\arctan\left(\frac{1}{239}\right)$$

他にもゴスパー（W. Gosper）の公式やチュドノフスキー-チュドノフスキー（G. V. Chudnovsky-D. V. Chudnovsky）の公式などがある．円周率の値を求めるといっても，数値計算のための準備として，本格的な数学の知識が必要になる．

*

乱数を用いて円周率を求める方法もあるが，それはせいぜい数桁までである．すなわち，0.0 から 1.0 の範囲の乱数を 2 個生成して，それぞれを x 座標と y 座標の値として 2 次元平面にプロットする（図 2.2）．この点が半径 1 の円内にあるかどうか調べる．次々と乱数による点をプロットしていくと，正方形の領域にほぼ均等に点が散る．このとき，点が円内に入る比率は，面積比の $\pi/4$ であることから，π の値が近似的に求まる．たとえば乱数が 400 組では 310 組から 320 組くらいが円内に入ることが確められる．乱数を増やすと，大数の法則によって，この値は円周率に近づいていく．大数の法則は第 4 章で述べる．

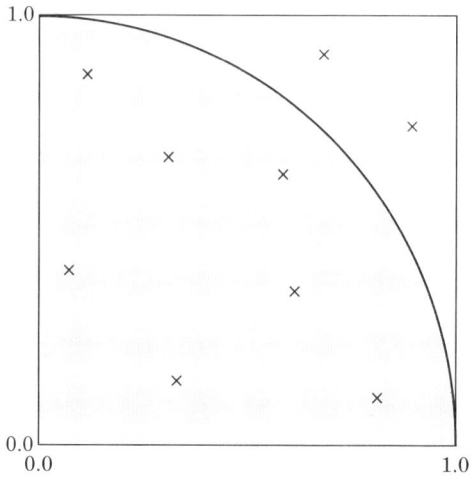

図 2.2　乱数による円周率の計算

正方形の面積：1
1/4円の面積：$\frac{\pi}{4}$

● 参考文献

- 数学セミナー編集部(編)：数学 100 の問題 数学史を彩る発見と挑戦のドラマ，日本評論社，1999．(一松信による円周率の近似値の章)
- Ronald L. Graham, Donald E. Knuth, Oren Patashnik : Concrete Mathematics, A Foundation for Computer Science (2 nd ed.) Addison-Wesley, 1989/1994.
 有澤　誠，安村通晃，萩野達也，石畑　清(訳)：コンピュータの数学，共立出版，1993．(これは初版の訳で，第 2 版の訳はまだ出ていない)
- 一松　信，竹之内　脩(編)：(改訂増補) 新数学事典，大阪書籍，1979/1991．
- 島内剛一，有澤　誠，野下浩平，浜田穂積，伏見正則(編)：アルゴリズム辞典，共立出版，1994．
- A. K. Dewdney : Magic Machine, A Handbook of Computer Sorcery, Freeman, 1990.
- 野崎昭弘：π の話，岩波書店，1974．
- 金田康正：π のはなし，東京図書，1991．
- L. Berggeren, J. M. Borwein, P. B. Borwein : Pi — A Source Book, Springer, 1997.

3

離 散 確 率

　日常的に「確率」ということばを使うことがよくある．たとえばテレビなどの天気予報（気象情報）では，NHKの田代さんやTBS森田お天気キャスターなどが，ごく自然に「降水確率」と言っている．明日の降水確率20％と聞いて，何となく雨は降らないか，降っても小雨くらいだろう，という気になっていると，土砂降りになったという経験をもつ人がいるかもしれない．でも，田代さんや森田さんを怨んではいけない．降水確率20％とは，累計で1mm以上の雨が降る可能性が20％だと予報しているだけで，どの程度の雨かについては言及していない．長い目でみたとき，降水確率20％と予報した結果の実際の降水日が20％前後なら正しい予報であり，それを大幅に外れていたら誤った予報である．

*

　もちろん「確率」といっているけれども，実は「割合」でしかないことも，ときどきある．確率とは文字通り確からしさの比率（割合）のことであって，一般的な割合と同義語ではない．また，確率と可能性も厳密には区別すべきであるが，少なくとも可能性のほうが割合よりは確率に近い意味合いをもつ．

　たとえば，巨人の松井選手がヤクルトの石井投手からヒットを打つ確率，というよりは，ヒットを打つ可能性のほうが適切である．去年の松井対石井の打率を参考にして今年の予測をたてるとき，確率というほどではなく，可能性くらいだと思われる．

*

　確率を数学的に厳密に定義することは，なかなかむずかしい．しかし，比較的単純なモデルに対してなら，厳密な確率の定義が可能になる．

　何かが生じること（事象）の数が有限個であり，それぞれの生じる可能性の比

率が正確に予測できる場合，確率を定義できる．コインを投げて表が出る場合と裏が出る場合は，それぞれ 1/2 ずつである．したがってコインを投げて表が出る確率は 50％，裏が出る確率も 50％である．このとき，コインを投げて縁の部分で立ってしまうことはない，と考えている．単純なモデルとは，そうした例外的なことを省いていることも含む．

通常の立方体のサイコロをふると，1 の目が出る確率が 1/6，2 の目が出る確率が 1/6 のように，どの目が出る確率も 1/6＝16.66…％ になる．ここでも，サイコロの重心が偏っておらず，それぞれの目が出る可能性が等しい場合に，このような結果になる．賭博で使ういかさまサイコロは，重心の位置をわざとずらせて，特定の目が出やすくしてあるらしい．さらに悪質な場合は，2 の目を 2 個にして 5 の目を 0 個にするなど，目のつけかた自体まで細工してあることもあるそうである．そのような場合には，それぞれの目が出る確率は 1/6 ずつではなくなる．

トランプ 52 枚を 4 人に 13 枚ずつ配ったとき，どのような組合せができるかについても，確率計算できる．コントラクトブリッジの教則本では，そのような確率の一部が表になって出ている（表 3.1）．たとえば，13 枚の手札の 4 スーツの配分が，4-3-3-3 になる確率，5-3-3-2 になる確率，4-4-3-2 になる確率などが出ている．

この組合せは，どのスーツかは考えずに，スーツごとの枚数だけに注目したものである．たとえば 4-3-3-3 とは，スペード 4 枚で他のスーツが 3 枚ずつの場合

表 3.1　コントラクトブリッジのカード組合せ出現確率

組合せ分布	出現確率(%)	組合せ分布	出現確率(%)
4-4-3-2	21.55	4-4-4-1	2.99
5-3-3-2	15.52	7-3-2-1	1.88
5-4-3-1	12.93	6-4-3-0	1.33
5-4-2-2	10.58	5-4-4-0	1.24
4-3-3-3	10.54	5-5-3-0	0.90
6-3-2-2	5.64	6-5-1-1	0.71
6-4-2-1	4.70	6-5-2-0	0.65
6-3-3-1	3.45	7-2-2-2	0.51
5-5-2-1	3.17		

と，ハートが4枚で他の3種類が3枚ずつの場合と，ダイヤが4枚で他のスーツが3枚ずつの場合と，クラブが4枚で他のスーツが3枚ずつの場合を全部含めた出現確率が10.54％だという意味である．当然のことながら，全部がスペードとか全部がハートなどの13-0-0-0の出現確率はきわめて小さく，限りなく0％に近い(小数点以下9桁以上が0である)．12-1-0-0の場合でさえ，0.0000003％という値だそうである．

　ここにあげていない次の組合せは，すべて0.5％未満である．

(6-6-1-0)	(7-3-3-0)	(7-4-1-1)	(7-4-2-0)	(7-5-1-0)	(7-6-0-0)
(8-2-2-1)	(8-3-1-1)	(8-3-2-0)	(8-4-1-0)	(8-5-0-0)	(9-2-1-1)
(9-2-2-0)	(9-3-1-0)	(9-4-0-0)	(10-1-1-1)	(10-2-1-0)	(10-3-0-0)
(11-1-1-0)	(11-2-0-0)	(12-1-0-0)	(13-0-0-0)		

*

　コントラクトブリッジというゲームは，4人が向かい合って座った相手とペアを組んで，13回のトリックのうち何回を獲得するかを宣言（ビッド）し，それを達成するか阻止するかを競うものである．これはポーカーと並ぶ代表的なトランプゲームである．ポーカーは運やブラフなどギャンブル性が高いが，コントラクトブリッジはより理論的なゲームだといわれている．アガサ・クリスティーのミステリーに "Cards on the Table"（邦訳『開いたトランプ』）がある．これはコントラクトブリッジをしている最中に殺人事件が起こり，それぞれの容疑者の人柄がゲームのやりかたに反映していることを手がかりに，名探偵エルキュール・ポワロが事件を解決する．ここにはクリスティー作品のレギュラー登場人物の推理作家オリヴァー夫人やバトル警視も登場する．さすがにその他のレギュラーであるミス・マープルやトミーとタペンス夫妻までは出てこない．

*

　コントラクトブリッジというと，つい言及したくなる話題がひとつある．それは，フィネス (finess) というテクニックである．普通にプレイしたのでは1トリック不足するようなとき，カードの配置によって「確率50％で成功する」方法がある．これがフィネスである．もとの単語は策略という意味で，相手の高い点の札を，自分の低い点の札で勝ってしまうこと，などと辞書に書いてある．

たとえば，相手がKとJをもっていて，自分がAとQをもっているとする．自分から先にAを出すと相手はJしか出さないから，次に相手のKに自分のQは負けてしまう．しかし相手に先にKかJを出させることができれば，KにはA，JにはQを出して2枚とも勝つことができる．これが可能かどうかは，相手がた2人のどちらがKとJをもっているかに依存する．そこで，さきほどの確率50％で成功する，ということになる．

コントラクトブリッジを習うと，まずフィネスをすることを覚える．しかしそれだけでは強いプレイヤーにはなれない．フィネスの成功率は50％にすぎないからである．ある段階で，フィネスをしないで，別の方法を用いて勝つことを覚える．フィネスの他にも，スクイーズ (squeeze) などのテクニックがある．そして上級者になると，「フィネスもする」ことを覚える．状況に応じてどのテクニックを使うことが最も有利かを判断して，使いこなすことを意味している．

このような，特定のテクニックについて，まずそれを使うことを覚え，それを使わずにすませることを覚え，最後にそれも使うことを覚えるという学習の3段階は，他の多くの場合にも適用できそうである．たとえば野球の投球では，まずフォークボールを覚え，それを使わないで三振を取ることを覚え，そしてフォークボールも使うことを覚えるわけである．

*

ふたたびトランプからサイコロに戻る．有名なギャンブルに次のようなものがある．通常のサイコロ3個を同時にふって，どの目が出るかに賭けるものである．まずチップを1枚，1～6のどれかに賭ける．現金を賭けると賭博になってしまって違法である．現金でなく図書券なら賭博でない，という意味に取れる発言をした警察の高官の言動がマスコミを賑わしたこともあった．

サイコロ3個を同時に振る．もし賭けた目が1個出たときは，賭けたチップを返してもらい，さらにチップを1枚もらえる．もし賭けた目が2個出たときは，賭けたチップを返してもらい，さらにチップを2枚もらえる．運よく賭けた目が3個出たときは，賭けたチップを返してもらい，さらにチップを3枚もらえる．しかし賭けた目がひとつも出なかったときは，賭けたチップを失う．

1個に賭けた目が出る確率が1/6で，サイコロは3個あるから3倍すると，1/2

になり，公平（勝ち負けが五分五分の損得なし）にみえる．これで正しいだろうか．このギャンブルは，単純で分かりやすい．実際，これをカジノで使っているところもあるらしい．どうです，ひとつやってみませんか．

*

実はこのギャンブルは胴元に有利にできている．確率計算をしてみると，そのことが分かる．胴元に有利でなければ，カジノで採用するわけがないではないか．でも，どこが公平（長い目でみて収支ゼロ）でないかは自明でない．

実際，筆者が何年か前に日本経済新聞科学欄のコラム「情報社会のパズル思考」を1年間担当したときこの話題をとりあげたら，読者のひとりから私の解は誤りだという投書が届いた．いいえ，これで正しいのです，と詳しい返事を差し上げたところ，こんどは分厚い手紙が届いた．ギャンブルの落とし穴にはまるまいと思いながら見事にはまってしまった．ついては失ったチップ17枚を差し上げる，という文面で，ビール券が17枚同封してあった．この年の私の研究室の学生たち3グループは，それぞれビール券6枚ずつにありつけたことになる．（えっ，それでは1枚不足するですって？ 大岡裁きにも「三方一両損」というように，最後の1枚はもちろん私が出したのです．）

*

雑談している間に，この問題を考えてくれたと思うから，これから解を述べよう．3個のサイコロを色か何かで区別すると便利である．それぞれが1〜6まで6通りの目の可能性があるから，3個では $6 \times 6 \times 6 = 216$ 通りになる．このそれぞれが $1/216$ の確率で生じる．

この中で3個全部が賭けた目が1通り，2個が賭けた目が15通り，1個が賭けた目が75通り，全部はずれが125通りになる．たとえば1に賭けたとして，次のようになるからである．ただし＃は2〜6のどれかを表す．

$$
\begin{array}{ll}
111 : 1\,通り & 1\#\# : 25\,通り \\
11\# : 5\,通り & \#1\# : 25\,通り \\
1\#1 : 5\,通り & \#\#1 : 25\,通り \\
\#11 : 5\,通り & \#\#\# : 125\,通り \\
\end{array}
$$

合計　216通り

このとき，$(+3)\times 1+(+2)\times 15+(+1)\times 75+(-1)\times 125=-17$ となる．すなわち，216 回にチップ 17 枚の損失である．

*

さきほどはチップを 1 枚賭けると書いたが，3 倍にして 3 枚をそれぞれのサイコロに 1 枚ずつ賭けることにすると，分かりやすくなる．賭けた目が出れば 5 枚もらえて，はずれたら 1 枚失うとする．これなら五分五分の損得なしである．このとき，次のようになる．

$$0 個当たりが出たとき \quad (+5)\times 0+(-1)\times 3=-3$$
$$1 個当たりが出たとき \quad (+5)\times 1+(-1)\times 2=+3$$
$$2 個当たりが出たとき \quad (+5)\times 2+(-1)\times 1=+9$$
$$3 個当たりが出たとき \quad (+5)\times 3+(-1)\times 0=+15$$

したがって，2 個当たったときにもらえるチップは 2 枚でなく 3 枚，3 個全部当たったときにもらえるチップは 3 枚でなく 5 枚とすれば，公平になる．さきほどは，2 個当たった 15 回に 1 枚損，3 個全部当たった 1 回に 2 枚損で，合計 17 枚の損となり，計算が合う．うまく的中して喜んでいるときに，実はチップを少しもらい損ねていたという，まさにギャンブルにぴったりの話である．

*

3 個のサイコロが独立であるとき，$6\times 6\times 6=216$ 通りの組合せがあることが，前項の鍵であった．しかしサイコロの目の合計だけ見れば，最大が 18 で最小が 3 である．全部で 16 段階になる．$6\times 3=18$ 段階ではない．

授業調査などで出てくる 5〜1 の 5 段階評価についても，単純に 3 人の合計をとると，最大が 15 で最小が 3 の 12 段階になる．ここでも $5\times 3=15$ 段階ではない．しかも，合計の分布は中央が大きい．5 段階評価の場合，$5\times 5\times 5=125$ 通りの分布は表 3.2 のようになる．

ただし，$x+x+x$ は 1 通り，$x+x+y$ は 3 通り，$x+y+z$ は 6 通りと計算している．ここを正確に書けば，

$x+x+y=x+y+x=y+x+x$ で 3 通り，

$x+y+z=x+z+y=y+x+z=y+z+x=z+x+y=z+y+x$ で 6 通り，

である．

表 3.2　5 段階評価の合計分布

15＝5＋5＋5	1 通り	
14＝5＋5＋4	3 通り	
13＝5＋5＋3＝5＋4＋4	6 通り	(3＋3)
12＝5＋5＋2＝5＋4＋3＝4＋4＋4	10 通り	(3＋6＋1)
11＝5＋5＋1＝5＋4＋2＝5＋3＋3＝4＋4＋3	15 通り	(3＋6＋3＋3)
10＝5＋4＋1＝5＋3＋2＝4＋4＋2＝4＋3＋3	18 通り	(6＋6＋3＋3)
9＝5＋3＋1＝5＋2＋2＝4＋4＋1＝4＋3＋2＝3＋3＋3	19 通り	(6＋3＋3＋6＋1)
8＝5＋2＋1＝4＋3＋1＝4＋2＋2＝3＋3＋2	18 通り	(6＋6＋3＋3)
7＝5＋1＋1＝4＋2＋1＝3＋3＋1＝3＋2＋2	15 通り	(3＋6＋3＋3)
6＝4＋1＋1＝3＋2＋1＝2＋2＋2	10 通り	(3＋6＋1)
5＝3＋1＋1＝2＋2＋1	6 通り	(3＋3)
4＝2＋1＋1	3 通り	
3＝1＋1＋1	1 通り	
合計	125 通り	

　この傾向は，5 段階の代わりに 6 段階，7 段階と増やしていくと，いっそう顕著になる．それだけ，はずれ値が出る可能性が下がることになる．このようなサンプル数を増やすと合計（平均）がある値に集まる傾向を，数学では「大数の法則」とよぶ．統計調査などの妥当性の根拠にもなる．しかし，何かの評価に使う場合，中央付近に値が集中することは，判別力を弱くすることでもある．

＊

　ここでもうひとつ，別のパズルを取り上げる．封筒の交換は有利か不利か，という問題である．

　私は 3 個の封筒をもっている．便宜上 ABC とよぶことにする．この中の 1 個に当たり籤を入れ，他の 2 個にははずれ籤を入れてある．私はどの封筒に当たり籤が入っているかを知っているが，あなたは知らない．

　あなたはどれか 1 個の封筒を選ぶ．仮に A を選んだとしよう．しかしそれを開ける前に，私はあなたにヒントをひとつ出すことにする．あなたが選ばなかった封筒の一方を開いてみせて，それがはずれであることを教える．たとえば C がはずれであることが分かったとする．したがって，当たり籤はあなたが選んだ A か，私の手元に残っている B である．

ここであなたに一度だけ封筒を交換する機会をあげよう．このとき，あなたが選んだ封筒と，まだ残っている封筒とを交換したほうが有利か，しないほうが有利か，どちらでも同じかというのが問題である．

*

元々はどの封筒にも 1/3 の当たりの可能性があった．しかしその中の 1 枚がはずれであることが分かったのだから，残り 2 枚が当たりである可能性は 1/2 ずつになったように見える．それなら交換してもしなくても同じである．

*

しかし私がはずれ籤を教えたのは，あなたが 1 枚の封筒を選んだ後である．もしあなたがはずれ籤を選んでいたら，残り 2 枚に当たり籤があるのだから，私は必ず残っているはずれ籤のほうを開く必要がある．

もし，封筒が 3 枚でなく 4 枚あったなら，あなたが 1 枚を選んだ後で残り 3 枚の中からはずれ籤を 2 枚開いて見せて，残った 1 枚と交換するかどうかを尋ねることになる．もし封筒が 10 枚あったなら，あなたが 1 枚選んだ後で残り 9 枚の中からはずれ籤の 8 枚を見せて，残った 1 枚と交換するかどうかを尋ねる．

さて，交換は有利か不利か．何倍くらい有利または不利か．これは確率パズルとして有名な問題である．封筒の数が 4 枚や 10 枚なら容易に正解が出せるが，封筒の数を 3 枚で提起するところが，この問題のミソである．

*

離散確率の話の前提で，$m!$ 通りがすべて等確率とみなす．これ本当に妥当か．個々の組合せが等確率ではどうか．

4 枚のカード（S, H, D, C）から 2 枚を選ぶには，次の 6 通りの可能性がある．

SH　SD　SC　HD　HC　DC

それらがすべて等確率 1/6 で生じる．1 枚目にそれぞれのカードの出る確率は 1/4 ずつである．2 枚目は残り 3 枚から 1/3 ずつになる．そこで全体では積をとって 1/12 になる．でも 1 枚目と 2 枚目の前後で同じ組合せが 2 度出てくるから，結局 1/6 になる．

識別できる 2 個のサイコロの場合，個々に特定の目が出るのは 1/6 ずつである．2 個のサイコロ組合せなら，相互が独立（一方の目が他方の目に依存しない）から，

単純に積をとって 1/36 通りになる．

*

離散確率の話題で有名な問題が，誕生日の一致に関するものである．ここでは閏年を考えずに1年を365日とする．また，特定の日に誕生日が集中することはなく，それぞれの人の誕生日がどの日かは 1/365 ずつだという前提をおく．さて，クラスの学生40人の中で，少なくとも2人の誕生日が一致する確率はどのくらいか．経験的に，この確率がかなり高いことを知っている人も多い．実は40人については 90 % 近い値になる．

計算を簡単にするために，人数が少ない場合から考える．まず2人だけの場合は，2人の誕生日が一致する確率は 1/365 である．3人の場合，どの2人をとってもお互いの誕生日が一致しないほうの確率を計算したほうが楽である．その値は，$(1-1/365)\times(1-2/365)$ となる．以下同様に，クラスの k 人全員の誕生日が異なる確率は，$(1-1/365)\times(1-2/365)\times\cdots\times(1-k/365)$ である．もちろん $k\geqq 365$ になったらこの確率は0になるから，この式は $k<365$ の場合である．そこで k 人の中で少なくとも2人の誕生日が一致する確率は，さきの式の値を1から引いて，次のようになる．

$$1-(1-1/365)\times(1-2/365)\times\cdots\times(1-k/365)$$

この値は，k が大きくなると急速に1 (100 %) に近づいていく．40人のクラスでは 90 % 近い値というのは，この式で $k=40$ にしたときの結果である．

*

もうひとつ離散確率の問題をあげる．選挙の候補者Aさんと Bさんの得票を1票ずつ開票する際に，最終的には A さんの得票が B さんの得票を上回る場合でも，開票途中では同数ではらはらすることがよく生じる．たとえばAさんが3票，Bさんが2票を得た場合，1票ずつ開票していく途中で同数が生じる確率はどのくらいか．またこの結果を一般化するとどうなるか．この問題は，"Fifty Challenging Problems in Probability" の問題22に出ている．

*

Aが3票Bが2票の場合，可能な開票パターンをすべて数えあげると，次のようになる．途中で同数が生じている場合には = 印をつけておく．全部で10通りの

パターンがある．それぞれの場合が生じる可能性に頻度の差がないとすれば，8/10＝4/5 が求める確率になる．

　　AAABB　　AABBA　　ABBAA　　AABAB　　ABABA
　　BABAA　　ABAAB　　BAABA　　BBAAA　　BAAAB

　この結果を一般化するには，開票の途中で少なくとも一度は同数になるような，AとBの開票結果を表す記号列がどのくらいの割合になるかを調べればよい．Aさんの最終得票を a 票，Bさんの最終得票を b 票とする．ちょうど $2m$ 票まで開票したときに，初めて同数が生じるような記号列を考える．ただし $m \leq b$ である．同数になるまではAが常にリードしている記号列は，AとBを入れ換えることでBが常にリードしている記号列になる．たとえば $m=4$ の場合，AABABABB という記号列はAが常にリードしている．ここでAとBを入れ換えるとBBABABAA になり，Bが常にリードしている記号列になる．すなわち，AとBの票が途中で同数になるような記号列の数は等しい．

　最終的にはAの得票がBの得票を上回るという前提から，どこかでAが最終的にリードするはずである．もし最初に開票した結果がBの票なら，必ずどこかで同数になる．最初にBがリードして途中で同数になる可能性は $b/(a+b)$ である．しかしさきに述べたように，最初の開票結果がAだった場合の数もこれと同数あることから，開票途中で同数が生じる確率は，$b/(a+b)$ を2倍して，$2b/(a+b)$ と求まる．ここで，Aの最終得票がBの最終得票を大きく上回るほど，すなわち a/b が大きくなるにつれて，$2b/(a+b)$ の値はゼロに近づく．また，$a=b$ のときは，確率1（100％）になることも分かる．

● 参考文献
- F. Mosteller：Fifty Challenging Problems in Probability, Addison Wesley, 1965. (Problem 22)
- 中村義作，有澤　誠，小谷善行：おもしろパズルわーるど，日経サイエンス社，1994．
- Ronald L. Graham, Donald E. Knuth, Oren Patashnik：Concrete Mathematics, A Foundation for Computer Science (2 nd ed.), Addison-Wesley, 1989/1994．
  有澤　誠，安村通晃，萩野達也，石畑　清(訳)：コンピュータの数学，共立出版，1993．（これは初版の訳で，第2版の訳はまだ出ていない）
- 一松　信，竹之内　脩（編）：(改訂増補) 新数学事典，大阪書籍，1979/1991．

4
統　　計

　離散確率に続いて，統計をとりあげる．ここで主に題材とするのは『統計でウソをつく法』という本である．たしか講談社ブルーバックスに訳書があった．原著は次の本である．

　　Darrell Huff : How to Lie with Statistics, W. W. Norton, 1954.
この本は 10 章にわたって，統計学にまつわる日常的な解釈の誤った側面を，おもしろく話題にしている．たとえば，次のような話がある．

　「大卒者 1500 人の調査結果によると，男性の 93 ％は結婚しているのに対して，女性は 65 ％しか結婚していない．同年代の男性全体では 83 ％しか結婚していない．したがって，男性は大学を出ると結婚する可能性が高いが，女性はその反対の傾向がある．さて，この結論は正しいだろうか．」

　この記事が，原因と結果の因果関係を正しく述べているかどうか，疑問である．もともと大学進学率自体に大きな差異があり，調査対象 1500 人の中で女性が占める割合がかなり低い．そうしたデータから一般的な因果関係を導き出すことには無理がある．

＊

　同様の例をもうひとつ．牛乳を飲むと癌になりやすい．ニューイングランド，ミネソタ，ウィスコンシン，そしてスイスでは牛乳の消費量が大きく，癌にかかる率も高い．南部の諸州やセイロン（現在はスリランカ）では，癌は少ないが，牛乳消費量も少ない．牛乳をよく飲むイギリスの女性は，牛乳をほとんど飲まない日本の女性に比べて 18 倍ほど癌にかかっている．

　ここでも，癌は欧米の長寿の国でかかりやすい病気であり，日本のような短命

な地域と比較することは，原因と結果の因果関係を正しく述べていない，という説明がついている．

それにしても，さすがに 1954 年に書かれた本だけのことはある．おそらく，データは 1950 年頃のものであろう．50 年後の 2000 年に，日本は女性の平均寿命が 83 歳，男性の平均寿命が 77 歳と，どちらも世界一の水準になるとは，お釈迦様でも気がつかなかった．大学進学率についても同様で，最近のように男女の差があまりなくなった状況でのデータだったら，また違った見かたができる．

*

似た例をもうひとつあげる．A 町は高齢者が結核で死去する数や比率が，他の多くの市町村に比べて圧倒的に大きな値を示している．それでは A 町は結核治療に向かない気候風土なのだろうか．いや，実はその反対である．結核治療に向いた高原のよい気候であるため，多くのサナトリウムがこの地に集まっている．その結果，結核で亡くなる高齢者の数や比率も，他の地域に比べて大きな値になってしまった．これはかなり有名な話だから，どこかで聞いたことがある人もいると思う．

*

統計的に因果関係を説明することは，十分注意する必要はあるが，しかし有力な道具にもなる．工場のカドミウム汚染とイタイイタイ病の因果関係は，統計データの分析で示すことができた．喫煙あるいは受動喫煙と癌をはじめとする諸症状の因果関係についても，特にアメリカでは統計的に証明できると考えられている．

以前，私の同僚が，国立病院のスタッフと共同研究で，胃の X 線写真を画像解析して，胃癌の診断をコンピュータにさせる研究をしていた．その際に，喫煙は肺癌だけでなく胃癌とも正の相関をもつことが確認できている．この教授は，サンプル用に撮影した教え子の 1 人の X 線写真の中に末期の胃癌を発見して，それを当人に告知すべきかどうか悩み，飲めない酒を毎晩飲んだと言っている．

この教授は，その学生が死去した後，ブドウの葉の画像解析によってよいワインができるかどうかコンピュータに判定させる研究に移り，さらに自律移動ロボット「晴信号」の目による画像解析に研究テーマを変えて，胃癌の診断はやめて

しまった．教師というのもなかなかつらい職業である．

＊

Huffの本が最初に扱っている話題は，平均値である．名門Y大学1924年卒業者の平均年俸が25111ドルと高額だという宣伝が，果たしてその大学の優位性をどこまで示しているか，と問いかけている．もともと金持ちの子弟が集まる大学で，給与所得の他に大きな利子所得をもつ人たちを含むのではないか．また，このデータは税務署から集めた正確なものか，それとも卒業生に調査票を配って得たものか．後者なら，回答者の多くは順調にいっている卒業生だから，バイアスのあるデータかもしれない．虚栄（ヴァニティ）で嘘を答えている人だっているかもしれない．

＊

そもそも，平均値を代表値（典型的な値）として使うこと自体にも問題がある．平均値は，個々の値を累計して，頭数で割ったものである．全体がきれいな正規分布をしていればよいが，多くの場合は異なった分布になる．社会現象ではむしろ二項分布になることが多い．

たとえば所得については，ごく少数の大富豪と，少数の富豪とで大半の所得を占めてしまう．多くの貧民と大貧民の所得の合計など，全体からみると取るに足らない．しかし平均値を計算すると，そこそこの数値に達する．平均値を越える人数に比べて，平均値に満たない人数のほうがずっと多い．したがって，平均値を代表値として用いることは，適切ではない．

このような場合，中央値（メディアン，中位数）や最頻値（モード，並数）を用いるほうが，代表値として適しているかもしれない．それでも，分布によっては，中央値の前半と後半にそれぞれ山をもつ二極分解の形もある．このとき，中央値には該当者が少なく，最頻値ではふたつの山のいっぽうしか代表できない．このような分布の場合に，ひとつの値で代表させること自体が無理である．

慶應義塾大学の高橋潤二郎先生から聞いた話がある．あるとき学生の中央値と思われるイメージに合わせて授業をしたところ，授業調査に出てきた満足度が思いのほか低かった．それで実体を詳しく調査したところ，まさに二極分解状態だった．半数の学生には内容がやさしすぎ，残り半数の学生にはむずかしすぎたこ

とが分かったという．教室の中に，ターゲットとした水準の学生が少なかったため，学生たちの授業への満足度が下がったのであった．

*

Huffの本では，アメリカの一般家庭の家族数が3.6人だから，建て売りの家を2寝室（夫婦の部屋と子供部屋）ばかり作る話が出てくる．日本でも，3LDKばかり作っていた時代があった．しかしここで詳しい数値を調べると，家族3人と家族4人を合わせて45％にすぎず，1人と2人が35％，5人以上が20％であるため，3〜4人家族向きの家で満足できるのは半数に満たない．むしろ，小人数用住宅，3〜4人用住宅，大家族用住宅と，おおきく3種類の住宅を用意することで，全体の満足度が高まる．

もしも，平均値や中央値などの数値でなく，実際のデータの分布のグラフを見ていたなら，より適切な判断ができたという例である．簡潔さの点では，ひとつの指標の数値は便利である．しかし，グラフに描いた分布のグラフに，とりたてて特徴が見えないような場合でも，あるいは予想している分布とは異なる場合でも，指標値はもっともらしい数になることが多い．それだけ，こうした指標値を使うことにはリスクが伴うことになる．せめて複数の指標値を組み合わせて使い，分布グラフも参考資料に添えておくことが望ましい．

*

さきほどの平均値は，厳密には算術平均（相加平均）である．しかし平均値には幾何平均（相乗平均）もある．個々の値を掛け合わせて，全体の個数乗根をとる．ルート演算が入ってくるため，やや計算に手間取るが，2〜3個のデータについてはそれほど難しくない．

たとえば，佐々木譲の小説『ストックホルムからの密使』では，偽旅券を短期間に作ってもらう料金の交渉が次のようになっている．

　「米ドル建てで120ドルでどうか」

　「いや200ドルだ」

　「それじゃ140ドル」

　「150ドルまでまけよう」

これで決定である．単純に120ドルと200ドルを「足して2で割る」160ドルでは

なく，どちらも最初の提示から25％ずつ譲歩した150ドルという値に落ち着いている．和でなく積の発想は，現実的だといえる．

ただし，この比率については少し注意が必要になる．あるプロ野球選手の年俸が，昨年は20％増し，今年は20％減とすると，差し引き2年前の水準に戻ったと誤りやすい．実際には，1.2×0.8＝0.96で，実質4％減である．もしこれが50％増しと50％減だったら，1.5×0.5＝0.75で，実質25％減になってしまう．

ついでながら，昨年50％増しで今年50％減でも，順序を入れ換えて昨年50％減で今年50％増しでも，今年については1.5×0.5＝0.5×1.5＝0.75で同じである．しかし3年間全体の合計は，100＋100×1.5＋100×1.5×0.5＝100＋150＋75＝325であるが，100＋100×0.5＋100×0.5×1.5＝100＋50＋75＝225で，両者は大きく異なる．1年目と3年目が同じでも，2年目の所得に大きな差があるからである．

*

「足して2で割る」と「掛けて平方に開く」の他にも，調和平均というのがある．これは逆数の算術平均をとるが，さすがにことばより数式のほうが説明しやすい．xとyの調和平均は，次式のような分数の和が分母という単位分数になる．

$$\frac{1}{\frac{1}{x}+\frac{1}{y}}$$

一般に$x_1, x_2, \cdots, x_m$の調和平均Hは，次式で計算できる．

$$\frac{1}{H}=\frac{1}{x_1}+\frac{1}{x_2}+\cdots+\frac{1}{x_m}$$

他に代表値としてなら，小さいほうから1/4の位置の値と大きいほうから1/4の位置の値をとって，その対で示す方法もある．極端なはずれ値を除外できるメリットがある．二極分解の現象も把握しやすい．これに中央値を加えた三つ組を用意すれば，おおまかな分布が分かる．あるいは，全体を3分割して，小さい部分，中央部分，大きい部分それぞれの算術平均を三つ組で示す方法もある．

試験の得点評価などでは，この3分割の平均三つ組を使うことが多い．それぞれの問題ごとに，上位組，中位組，下位組の正解率をグラフにプロットする．こ

の順に正解率が高い問題は良問であり，三者同様に平たい問題や，逆の傾きになる問題は，欠陥をもつことが多い．私が委員長をしている，マルチメディアコンテンツ制作者認定試験では，毎回合格判定会議の際にこのグラフを調べて，欠陥をもつ問題に対しては全員正解や複数正解などの採点調整を行っている．

*

　平均値や期待値に対して，分散や標準偏差（分散の平方根）を加味することで，代表値としての意味がより明確になる．あるいはさきほどの上位から1/4と下位から1/4との差を2で割った四分位偏差を標準偏差の代用にすることもある．平均と標準偏差を組み合わせて，ひとつの代表値にすることもある．平均が50，標準偏差が10になるように正規化した数値が，偏差値である．もし全体が正規分布していれば，大半のデータは偏差値30〜70の範囲に収まり，25以下や75以上は希少になる．偏差値を代表値として使う利点と弊害とは，あらためて説明するまでもないであろう．

*

　Huffの本に戻ろう．数値を提示する段階でウソをつく例をいくつかあげている．たとえばグラフを描くとき，縦軸の一部分だけを示して，ごく微小な差異をことさら強調してみせる．本稿執筆時（2000年4月17日）の株価についても，前週末に8％下げた日本の株価は今週初めにも0.2％下げ，アジア諸国が先週10％下げて今週初めに0.1％上げて反発したのと対照的だ，といったニュースを読んでいたリポーターがいた．しかし，8％や10％という大幅な上下に比べて，0.2％や0.1％のわずかな上げ下げは相場調整にすぎず，ことさら差異を強調すべき内容ではないと私は思う．

　一般に，絶対値で宣伝するときは要注意である．この商品は「1万円お得です」と言っても，もとが100万円を越える車の話か，10万円台のパソコンの話かで，1万円のもつインパクトが異なる．イギリスでは「1ペニーを惜しんで1ポンドを失う」という諺がある．日本なら「安物買いの銭失い」であろうが，具体的な数値を出している英国版のほうが現実味があるような気がする．

*

　もうひとつ，本来は1次元の数値を，2次元や疑似3次元の図に示して，実際以

上の差異があるように見せかける方法を指摘している．すなわち，示すべき数値を辺の長さとする立方体を並べて描くと，事実より8倍の差異があるような見せかけができる．単純な立方体でなく，たとえば地図などを使うことで，みかけにだまされやすくなる．

アメリカの地図では，各州の面積と州の実体とがかけ離れているため，しばしば統計でウソをつくときの道具になる(図 4.1 参照)．選挙区の区割りでも経済活動でも，東部の独立時の 13 州付近の各州は面積に比べて諸数値が高い．日本でも，山陰地方の県では面積の割に有権者数が少なく，「一票の較差」でしばしば話題になる．さらに，地図の描きかたによって，ロシアやカナダの面積がきわめて大きくなることから，それを意図的に使って素朴な人をミスリードすることも可能になる．

*

確率統計の基礎的な法則のひとつに，大数の法則がある．この法則を厳密に述べるには，確率過程に関する記号を導入して，数式で書く必要がある．しかしごくおおまかには，統計データの量が増えるほど，平均値などの統計量の値が極端

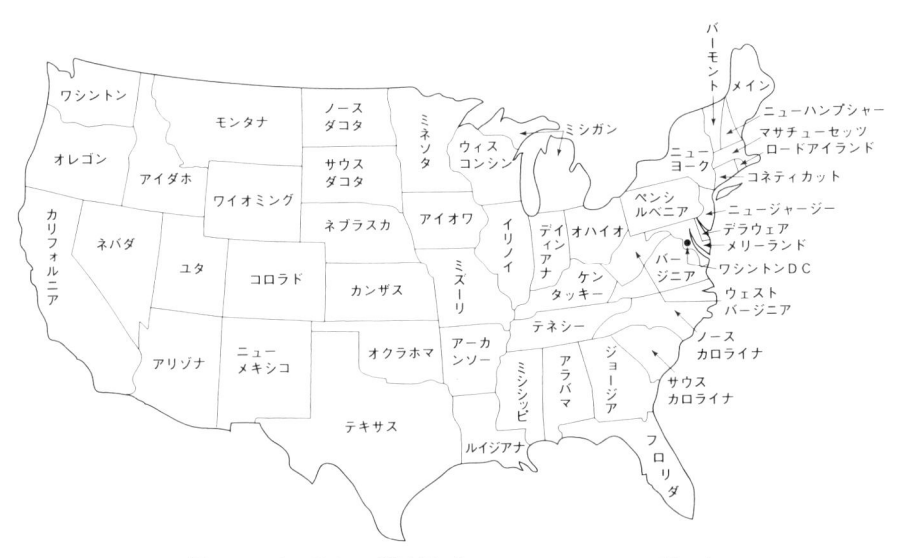

図 4.1 アメリカの州地図（アラスカとハワイを除く）

なものでなくなることを表す．したがって，たとえば社会調査をする場合，サンプル数が少ない場合に得た平均値や標準偏差は，信頼性が低い．対象全体の傾向を推定するには，ある一定数を越えるサンプルをとる必要がある．データ数を十分に多くとると，統計データのふるまいが穏やかなものになるという性質が，大数の法則の主張するところである．それでも，たとえばテレビの視聴率調査など，サンプル数の全体数に対する比率でみれば，かなり小さい．選挙の事前予測などでも同じである．もしデータを層別にして，対象となる世界を忠実に縮小したところでとっていれば，少ない数のサンプルからでも，良質の推定値を出すことができる．

*

昔のアメリカ映画に "Magic Town" がある．1947年制作，W. ウェルマン監督，主演はジェームス・スチュワートとジェーン・ワイマン，103分モノクロ（コンピュータカラー版あり）である．ある小さな田舎町の人口構成が全米の縮小になっていることに，調査会社の若い社員が目をつけて，委託調査をこの町で実施する．少ないコストで質の高い社会調査ができるメリットがあった．しかし，こうした目的には，この町が全米のモデルである事実は隠しておく必要がある．ところが，この町の新聞社に勤める若い女性記者が，その事実をすっぱ抜いて記事にしてしまう．映画だから，この女性記者は，もちろん調査社員の恋人である．情報を公開した結果，全米のモデルタウンとして人気が集まり，外部から大量の人口流入が生じてしまう．そこで人口調査をやり直してみると，この町の人口構成はもととはまるで異なったものになっており，モデルタウンとしての性質を失う．人々は急速にこの町を去ってしまう．最後はアメリカ映画らしく，社員と記者が荒廃した町の再建に手をとりあって立ち上がるところで，ハッピーエンドになる．社会調査の意味を考える上でも，よいテーマを扱った映画だと思う．

*

私が高校生のときは，高校の数学の「確率・統計」の部分は大学入試の試験範囲から外れていた．そのため，高校の教科書にはかなり取り上げられていたにもかかわらず，授業では1～2回の概説程度で，大部分をスキップしてしまった．そうした高校生たちが大人になって管理職についている現在，確率や統計のセンス

がない管理職が多いことはしかたないかもしれない．しかし，大量のデータを集め，それを分析した結果によって意思決定するという過程は，ごく日常的なものになっている．偏りのないデータの収集方法や，統計的なデータ分析の方法，そしてデータに基づいたモデル構築の方法などは，基本スキルとして，コンピュータリテラシーやメディアリテラシーと並んで身につけておくべきであろう．私が勤務する慶應義塾大学 SFC（湘南藤沢キャンパス）では，この領域に数学や論理学などまで含めて，データサイエンスとよんでいる．

増山元三郎著の『デタラメの世界』の中に，データ収集をするときには，あらかじめそれをどう分析するかを考えた上で行うべきだ，と書いてある．やみくもに集めてきたデータは，どう分析しても意味のある結果が出てこない．業界の諺に，GIGO（Garbage In, Garbage Out の頭文字を並べたもの）がある．ゴミを入れてもゴミしか出てこない，という意味である．どのようにしてデータを収集するかは，たとえば社会調査の実施方法や，計測計量の方法など，科学的な手法である．統計分析にも，多変量解析，回帰分析，推定法，検定法など種々の手法がある．そしてモデル化のあとでは，シミュレイションを行うことで，意思決定の評価をすべきである．調査，統計分析，モデル化とシミュレイションという流れを，意思決定過程の中心に置くことが望ましい．

●参考文献
- Darrell Huff：How to Lie with Statistics, W. W. Norton, 1954.
  高木秀玄(訳)：統計でウソをつく方法―数式を使わない統計学入門，講談社，1968.
- 一松　信，竹之内　脩(編)：(改訂増補) 新数学事典，大阪書籍，1979/1991.
- 増山元三郎：デタラメの世界，岩波新書，1969.
- 慶應 SFC データ分析教育グループ(編)：データ分析入門（第2版），慶應義塾大学出版会，1998.
- 有澤　誠，斉藤鉄也：モデルシミュレーション技法，共立出版，1997.

5

順列と組合せ

この章では順列と組合せをとりあげる．ものを並べるやりかたについて，系統的に調べる話題である．

*

確率のところで，すべての順列が同じ頻度で現れることを前提にしていた．この順列（permutation）とは，何かを順序づけて並べることを意味している．

たとえば，トランプのK, Q, Jを1枚ずつ，計3枚を並べる場合を考える．$3 \times 2 \times 1 = 6$ 通りの並べかたがある．KQJ, KJQ, QKJ, QJK, JKQ, JQK の6通りである．1枚目を選ぶ方法が3通り，2枚目は残り2枚から選ぶから2通り，3枚目は残り1枚だから1通りで，さきのような式になる．

一般に m 個のものを並べる方法は $m \times (m-1) \times (m-2) \times \cdots \times 2 \times 1 = m!$ 通りになる．この！は階乗の演算記号である．階乗はその値が急速に大きくなる演算で，$3! = 6, 4! = 24, 5! = 120, \cdots 10!$ が約360万である．通常コンピュータで容易に全数検査できる量が1億のオーダーだとすれば，$12!$ あたりになる．

*

ここで注意すべきことは，m 個のものを並べる際に重複が生じないことである．もし重複を許すなら，階乗ではなくべき乗になる．さきのK, Q, Jを並べるときも，重複を許すなら $3 \times 3 \times 3 = 27$ 通りの方法がある．KKK, KKQ, KKJ, KQK, KQQ, KQJ, KJK, KJQ, KJJ, QKK, QKQ, QKJ, QQK, QQQ, QQJ, QJK, QJQ, QJJ, JKK, JKQ, JKJ, JQK, JQQ, JQJ, JJK, JJQ, JJJ である．このように系統だてて列挙すれば，数え落とす心配はない．もし m 個のものを重複を許して k 個並べるなら，$m \times m \times \cdots \times m = m^k$ 通りになる．

*

　銀行などのキャッシュカードの暗証番号は，10種類の数を4個重複を許して並べるから，$10\times10\times10\times10=10000$通りである．0000から9999までの数だから10000通りだと思ってもよい．ただし0000は暗証番号に使えないところもある．コンピュータのパスワードには，英字26種類，数字10種類，その他の記号14種類とすれば，全部で50種類の記号が使える．長さ8なら$50\times50\times\cdots\times50=50^8=$約39兆，長さ10なら$50\times50\times\cdots\times50=50^{10}=$約10京となる．兆を越えるとコンピュータで全数検査して盗み出すことは困難になる．だから，パスワードは少なくとも8文字以上，できれば10文字程度というガイドラインになる．

　英字だけではなく，数字や英数字以外の記号も含めることの重要性も，この計算から理解できる．もし英字26種類だけ8個だったら，$26\times26\times\cdots\times26=26^8=$約2000億となり，通常は安全であるものの一抹の不安が残る．全数検査せずに，パスワードの可能性が高い文字列だけ選んで調べた場合，8文字程度だといくつも試すうちにヒットするかもしれないからである．

*

　それでは，m個のものを重複を許さずにk個選ぶ場合はどうか．さきほどのKQJの並べかたと同じ考えであるが，最後までm個全部並べずに，途中のk個までで止めればよい．3枚だと少なすぎて分かりにくいから，KQJにAを加えて4枚として，そこから2枚を取り出して並べる場合を列挙してみる．このとき，KQ, KJ, KA, QK, QJ, QA, JK, JQ, JA, AK, AQ, AJの12通りになる．1枚目の選びかたが4通り，2枚目は残りが3枚だから3通りで，$4\times3=12$通りというわけである．

　一般に，$m\times(m-1)\times(m-2)\times\cdots\times(m-(k-1))$となる．これで$k$個の項の積になっていることは，$m-0, m-1, \cdots,, m-(k-1)$というパターンを見ると分かる．あるいは，いったん$m$個並べてから$k$個を取り除くという意味で，次式のように計算することもできる．

$$m\times(m-1)\times(m-2)\times\cdots\times(m-(k-1))$$
$$=\frac{m\times(m-1)\times(m-2)\times\cdots\times2\times1}{(m-k)\times(m-(k-2))\times\cdots\times2\times1}$$

$$= \frac{m!}{(m-k)!}$$

この値を，m 個のものから k 個選んで並べる順列 $P(m, k)$ とよぶ．

$$P(m, k) = \frac{m!}{(m-k)!}$$

でも，こんな「公式」を丸暗記する必要はなく，それを導いたときの考えかたを理解していれば，必要なときに正しく計算することができる．

*

こんどは組合せの話題である．順列と似ているが，少しだけ異なるところがある．実生活には，順列よりも組合せが出てくることのほうが多い．

ここでは，トランプを配る場合を考える．簡単のために KQJA の 4 枚のカードから 2 枚を配る場合を取り上げる．たとえば K が 1 枚目で Q が 2 枚目の場合は，順序を逆にした Q が 1 枚目で K が 2 枚目の場合と，結果的には同じになる．そこで，KQ=QK，KJ=JK，KA=AK，QJ=JQ，QA=AQ，JA=AJ の 6 通りの組合せになる．さきほどの順列で枚挙した 12 通りの半分になっている．

*

他の例として，東京 6 大学野球のリーグ戦では，何種類の対戦があるかを考える．慶應の相手は，早稲田，明治，法政，立教，東大と 5 校あるから，慶應を含む対戦だけで 5 種類ある．慶應を含まない対戦で，早稲田は残り 4 校と対戦する．早慶を除いて，明治は残り 3 校と対戦がある．以下同様に考えると，全部で 5+4+3+2+1=15 通りの対戦がある．これは 6 校から 2 校を取り出す組合せの数である．実際には，2 勝して勝ち点をあげることができるため，同一対戦を最低でも 2 試合で，1 勝 1 敗になれば 3 試合目を行い，引き分け試合があるとさらに試合数が増える．慶應義塾大学では早慶戦の日は授業が休講になるため，前日までの試合結果と当日との天候に注意していないと，教室に出向いても学生が誰もいないということになる．

*

現在のプロ野球もセ・パ両リーグとも 6 チームずつだから，対戦の数はやはり 15 通りである．それぞれの対戦を 27 試合ずつで，個々のチームは 135 試合

ずつ（2001年度から140）であるが，リーグ全体では合計405試合を開催している．

*

サッカーのJリーグ1部は16ティームあるから，こちらの対戦の組合せはずっと多い．$15+14+13+\cdots+3+2+1=120$ 通りになる．16ティームから2ティームを選ぶ組合せの数である．

*

なお，さきほどの東京6大学リーグで，もし先攻がどちらかに応じて早慶戦と慶早戦を区別するならば，組合せではなく順列になる．先攻ティームの選びかたが6でそれに対する後攻ティームは5であるから，$6 \times 5 = 30$ 通りの順列になる．しかし実際は，早慶戦と慶早戦は両校で同じ試合を別の名前でよぶだけであり，順序を意識したものではない．マスコミでは早慶戦と一本化している．

*

トランプに戻って，もし3枚のカードを配る場合，たとえばKQJについては，KQJ＝KJQ＝QKJ＝QJK＝JKQ＝JQK で，$3!=6$ 通りの区別をしなくてすむ．同様にして，k 個の順列に比べて k 個の組合せでは $k!$ 通りだけ少なくなる．

たとえば52枚のトランプから5枚を配るとき，1枚目に52通り，2枚目に51通り，のように数えていくと，$52 \times 51 \times 50 \times 49 \times 48 = 311875200$ 通りの順列がある．しかし，1番目と2番目が入れ替っても同じなどと考えると，$5!=120$ 通りの重複があるため，組合せ数は2598960通りになる．これがポーカーの際に配られるカードの組合せの数である．これがコントラクトブリッジなら，52枚のトランプから13枚を配るから，カードの組合せの数は次のようになる．

$$\frac{52 \times 51 \times 50 \times 49 \times \cdots \times 42 \times 41 \times 40}{13 \times 12 \times 11 \times 10 \times \cdots \times 3 \times 2 \times 1}$$

そこで，一般に m 個のものから k 個を選ぶ組合せ $C(m, k)$ は，次式のようになる．順列の値を $k!$ で割ったものになっている．

$$C(m, k) = P(m, k)/k!$$
$$= \{m \times (m-1) \times (m-2) \times \cdots \times (m-(k-1))\}/k!$$

$$= \frac{m!}{(m-k)! \times k!}$$

ここでも「公式」の丸暗記でなく，式のもつ意味さえ理解できていれば十分である．

*

ここに出てきた $C(m, k)$ の値を，m と k が小さい場合について表にすると，表5.1のようになる．$C(m, k)$ を二項係数とよぶこともある．

表5.1　二項係数 $C(m, k)$ の値

m \ k	0	1	2	3	4	5	6	7	8	9	10
0	1										
1	1	1									
2	1	2	1								
3	1	3	3	1							
4	1	4	6	4	1						
5	1	5	10	10	5	1					
6	1	6	15	20	15	6	1				
7	1	7	21	35	35	21	7	1			
8	1	8	28	56	70	56	28	8	1		
9	1	9	36	84	126	126	84	36	9	1	
10	1	10	45	120	210	252	210	120	45	10	1

表5.1で，1 3 6 10 15 21 …のところに，2個ずつ取り出す組合せ数が並んでいる．その次の 1 4 10 20 35 56 …のところは3個ずつ取り出す組合せ数である．

*

この表のように二項係数の値を並べたものを，パスカルの三角形とよぶ．パスカルはフランスの数学者ブレーズ・パスカル（Blaise Pascal, 1623-1662）をさしており，組合せ数学をはじめ，多くの分野で業績を残した．この表の形よりも，全体を少しずつ右にずらして，$C(0, 0)$ の値1が富士山の頂上の位置になるように配置してやると，パスカルの三角形がいっそうそれらしく見えてくる．このパスカルの三角形を表示するコンピュータプログラムを書く問題は，しばしばプログラミング入門の課題に出ている．これがもとで，アレルギーを起こす学生もいるらしい．

パスカルの三角形の要素は，一段上の真上の数と，その真上の左隣りの数の和

をとればよく，この表は簡単な構造で作成できる．パスカルの三角形をよく見ると，種々のおもしろいパターンを発見できる．たとえば，1段ずつ，現れる数の和をとってみると，1段目は1，2段目は1+1=2，3段目は1+2+1=4，4段目は1+3+3+1=8，5段目は1+4+6+4+1=16となって，必ず2のべき乗である．定義の式を操作すれば，一般にこの性質が成り立つことを証明できるが，それよりも表の数を眺めてパターンを発見することのほうがずっと楽しい．

*

この $C(m, k)$ を二項係数とよぶ理由は，次のように $(x+y)^m$ を展開したときに現れる係数だからである．これを二項定理とよぶこともある．

$$(x+y)^0 = 1x^0y^0$$
$$(x+y)^1 = 1x^1y^0 + 1x^0y^1$$
$$(x+y)^2 = 1x^2y^0 + 2x^1y^1 + 1x^0y^2$$
$$(x+y)^3 = 1x^3y^0 + 3x^2y^1 + 3x^1y^2 + 1x^0y^3$$
$$(x+y)^4 = 1x^4y^0 + 4x^3y^1 + 6x^2y^2 + 4x^1y^3 + 1x^0y^4$$
$$\cdots$$

二項係数に関する性質や，これを用いた数式の計算は，多くの情報数学の教科書ではかなりのページ数を割いている．たとえばアルゴリズムの数学的な解析などでは，離散確率の計算の際などに，二項係数が頻繁に出てくる．しかし，何度も言うようであるが，数式を暗記して使うのでは味も素っ気もない．実際の数値を眺めて，その中に潜んでいるパターンを見つけることこそ，数学の楽しみであることを忘れないでほしいと思う．

*

さきほど，東京6大学野球リーグの組合せ数について触れた．早慶レガッタのような2ティーム対抗戦と違って，多数ティームのリーグ戦では，組合せがほどほどの数になるような配慮が必要になる．勝ち抜き戦では試合数が少なく，初戦敗退の半数のティームは1度しか登場しなくて物足りない．そうかといってリーグ戦では試合数が増えすぎてはマネジメントがたいへんである．そこで，予選を少数ティームのリーグ戦で行い，決勝トーナメントで最終決着をつけるという，混合方式をとることがある．

*

　サッカーのワールドカップでは，参加32ティームについて，まず4ティームずつのブロック予選でリーグ戦を行う．ブロックごとに$4\times 3/2=6$試合，8ブロックでは$6\times 8=48$試合になる．各ブロックの1位ティームと2位ティーム合計12ティームで決勝トーナメントを行う．16ティームの内で1ティーム以外が敗退するから，ここでの試合数は15試合になる．3位決定戦を加えて16試合で，さきの48試合＋16試合＝64試合になる．これを日韓で32試合ずつ開催する計画である．なお，W杯出場ティーム数の変遷は，〜1982年：16，1986〜1994年：24，1998年〜：32だそうである．このときの組合せを推測してみるとおもしろい．

*

　私の作ったパズルに「達也が嗤う」という問題がある．これもスポーツの試合数の組合せを題材にしている．これは筆者が作ったパズルの代表作のひとつである．

　淳美，郁恵，歌子，英太郎，治，達也の6人がテニスの混合ダブルスの試合をしました．可能なすべての組合せで試合を組みましたが，試合数が増えすぎないように，夫婦はペアを組まないことにしました．

　その結果，全部で7試合になりました．では夫婦は何組いたのでしょうか．

　ここで，女性をA，B，C，男性をx，y，zとして，まずすべての組合せを列挙してみると，次のようになる．

　　Ax：By，　Ax：Bz，　Ax：Cy，　Ax：Cz，
　　Ay：Bx，　Ay：Bz，　Ay：Cx，　Ay：Cz，
　　Az：Bx，　Az：By，　Az：Cx，　Az：Cy，
　　Bx：Cy，　Bx：Cz，　By：Cx，　By：Cz，　Bz：Cx，　Bz：Cy

　全部で18試合になった．これでは確かに試合数が多すぎる．そこで仮にAとxが夫婦だったとして，Axが出てくる試合をすべて削除すると4試合少ない14試合が残る．さらにBとyも夫婦だったとしてByが出てくる試合も削除すると，11試合になる．まだ7試合より多い．Cとzも夫婦だとしてCzが出てくる試合を削除すると，9試合になる．あれ，答えが合わない．

ここで Ax が夫婦か Ay が夫婦かは数を数える際の便宜的なもので，結果に影響しない．でも，なぜパズルの問題は「達也」などの固有名詞になっているのだろうか．ここに気づいたら，問題は半ば解けたことになる．
　そう，男性3人と女性3人というのは，勝手な思い込みである．この6人の名前の中で「淳美」は男性にも女性にも使われる．実際，筆者が最初に大学勤務したとき，同僚の助教授の1人と，研究室一期生の1人が，淳美という名前の男性だった．他にも「泉」「薫」「淳」などの一字名をはじめ，「明海」「正緒」など男性にも女性にも使う名前はたくさんある．「まこと」でもさすがに「誠」を使う女性にはまだ出会ってないが，「真琴」は男性と女性の両方の実例を知っている．

*

　それでは，女性 A, B と男性 x, y, z, w について，さきほどと同様にすべての組合せの列挙をやり直すと，次のようになる．

$$\begin{array}{lll} Ax:By, & Ax:Bz, & Ax:Bw, \\ Ay:Bx, & Ay:Bz, & Ay:Bw, \\ Az:Bx, & Az:By, & Az:Bw, \\ Aw:Bx, & Aw:By, & Aw:Bz \end{array}$$

全部で12試合である．女性は2人しかいないから，全試合に出場することになり，たいへんである．ここで A と x が夫婦なら Ax が現れる試合を削除して，9試合が残る．さらに B と y も夫婦なら，By が現れる試合も削除して，7試合が残り，問題の条件に適合する．めでたしめでたし．郁恵も歌子も人妻だったのですね．

*

　この「達也が嗤う」という表題は，鮎川哲也の同名の短編ミステリーから継承したものである．ミステリーの種明かしはしないルールだから詳細には触れない．文庫化された短編集に含まれる代表作のひとつだから，それを読んでみてほしい．短編でありながら複数のトリックを絡めた，よい作品になっている．
　鮎川哲也や土屋隆夫は，登場人物の名前にトリックをしかける名人でもあった．鮎川哲也には山手線の駅名を登場人物に使ったものがあり，その中で「池辺」という名前だけ例外だとの指摘に対して，「大塚，大塚，次はいけべくろ」と答えた逸話が伝わっている．また NHK 推理ドラマシリーズ「私だけが知っている」の

土屋隆夫作のひとつでは，殺人狂の名前が「野板白子」で，逆に読むと「ころしたいの」になるというものだった．

　　　　　　　　　　　　　＊

　もひとつおまけに，鮎川哲也の小説『薔薇荘殺人事件』の話．最初に登場人物一覧が次のように出ている．田代孝一，立川妙子，玉江淑子，知井みや子，津田五平，手川テルヱ，東浜拓郎，鳥取兵衛，星影龍三（名探偵）である．これは問題編と解答編に分かれた犯人当てになっていて，問題文の末尾は次のようである．「以上で事件の真相を把握するに足るデータはすべて出尽しました．作者は次の設問に対する読者の解答をお聞かせ頂きたいのです．玉江を殺した犯人は？　知井を殺した犯人は？」．肝腎なミステリーの中味を読まずに正しい解答が得られるというのも，鮎川哲也の名前へのこだわりからであろう．

　　　　　　　　　　　　　＊

　順列や組合せの議論では，具体例について系統だててすべての場合を列挙することで，見通しがたつことが多い．めんどうがらずに列挙作業ができるようになれば，わけの分からぬ公式など使わずに問題を解くことができる．

　　　　　　　　　　　　　＊

　最後にもうひとつ，次の問題を考えてみたい．私の家から最寄駅までの道は，3×5の格子状になっている(図5.1)．家から駅まで毎日異なった道をたどりたいが，遠回りはしたくない．全部で何通りの道があるか，という問題である．

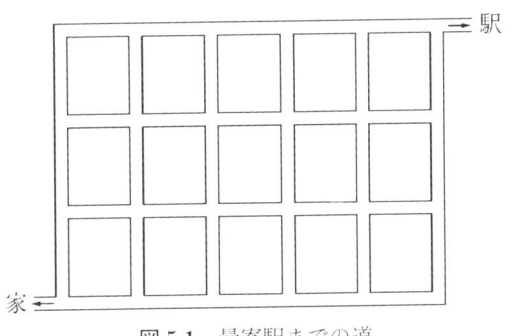

図5.1　最寄駅までの道

この問題の解きかたは2通りある．ひとつは，それぞれの交差点までに家から何通りの道があるか順に書いていく方法である．結果は次のようになる．

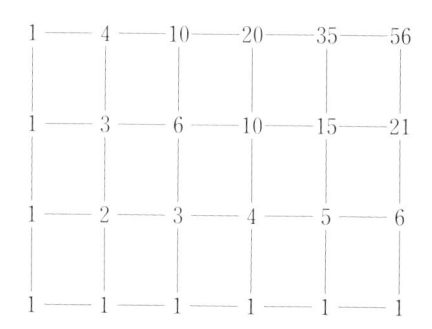

```
1 —— 4 —— 10 —— 20 —— 35 —— 56
|     |      |      |      |      |
|     |      |      |      |      |
1 —— 3 —— 6 —— 10 —— 15 —— 21
|     |      |      |      |      |
|     |      |      |      |      |
1 —— 2 —— 3 —— 4 —— 5 —— 6
|     |      |      |      |      |
|     |      |      |      |      |
1 —— 1 —— 1 —— 1 —— 1 —— 1
```

ある交差点に来る方法は，下から到達する場合と左から到達する場合の和になっている．答えは56通りである．

もうひとつの方法は，北へ3ブロック東へ5ブロック，合計8ブロックという道のりについて，北へ向かう3ブロックをどこに選ぶかの選択と考える．これは8個のものから3個を選ぶ組合せ数である．組合せの式を用いれば，$C(8, 3) = 8!/(5! \times 3!) = (8 \times 7 \times 6)/6 = 56$ と計算できる．

後者は一見するとエレガントなようであるが，たとえば一ヶ所工事で通行止めになった場合など，前者のほうが応用がきく．次のように×印の通行止めを扱うことができる．通行止めの右側では，左から到達する方法を0として計算している．

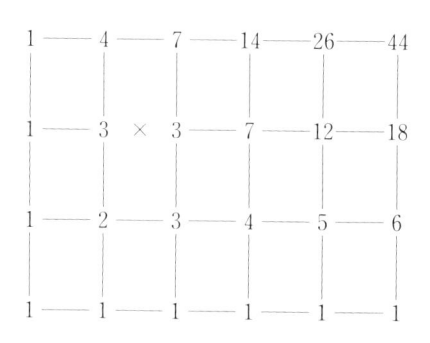

```
1 —— 4 —— 7 —— 14 —— 26 —— 44
|     |      |      |      |      |
|     |      |      |      |      |
1 —— 3  ×  3 —— 7 —— 12 —— 18
|     |      |      |      |      |
|     |      |      |      |      |
1 —— 2 —— 3 —— 4 —— 5 —— 6
|     |      |      |      |      |
|     |      |      |      |      |
1 —— 1 —— 1 —— 1 —— 1 —— 1
```

すうがくの風景

1. 群上の調和解析
河添 健著　A5判　200頁　本体3300円
ISBN4-254-11551-2　注文数　　冊

群の表現論とそれを用いたフーリエ変換とウェーブレット変換の, 平易で愉快な入門書。元気な高校生なら十分チャレンジできる！〔内容〕調和解析の歩み／位相群の表現論／群上の調和解析／具体的な例／2乗可積分表現とウェーブレット変換

2. トーリック多様体入門 ―扇の代数幾何―
石田正典著　A5判　164頁　本体2900円
ISBN4-254-11552-0　注文数　　冊

本書は, この分野の第一人者が, 代数幾何学の予備知識を仮定せずにトーリック多様体の基礎的内容を, 何のあいまいさも含めず, 丁寧に解説した貴重な書。〔内容〕錐体と双対錐体／扇の代数幾何／2次元の扇／代数的トーラス／扇の多様化

3. 結び目と量子群
村上 順著　A5判　200頁　本体3300円
ISBN4-254-11553-9　注文数　　冊

結び目の量子不変量とその背後にある量子群についての入門書。量子不変量がどのように結び目を分類するか, そして量子群のもつ豊かな構造を平明に説く。〔内容〕結び目とその不変量／組紐群と結び目／リー群とリー環／量子群（量子展開環）

4. パンルヴェ方程式 ―対称性からの入門―
野海正俊著　A5判　220頁　〔近 刊〕
ISBN4-254-11554-7　注文数　　冊

1970年代に復活し, 大きく進展しているパンルヴェ方程式の具体的・魅惑的紹介。〔内容〕ベックルント変換とは／対称形式／τ函数／格子上のτ函数／ヤコビ-トゥルーディ公式／行列式に強くなろう／ガウス分解と双有理変換／ラックス形式

〈生涯学習〉はじめからの数学

◆ 2色刷りとコラム〈数の小径〉で見やすく, 理解しやすく編集

1. 数（すう）について
志賀浩二著　B5判　152頁　本体2700円
ISBN4-254-11531-8　注文数　　冊

数学をもう一度初めから学ぶとき"数"の理解が一番重要である。本書は自然数,整数,分数,小数さらには実数までを述べ, 楽しく読み進むうちに十分深い理解が得られるように配慮した数学再生の一歩となる話題の書

2. 式について
志賀浩二著　B5判　200頁　本体2900円
ISBN4-254-11532-6　注文数　　冊

点を示す等式から, 範囲を示す不等式へ, そして関数の世界へ導く「式」の世界を展開。〔内容〕文字と式／二項定理／数学的帰納法／恒等式と方程式／2次方程式／多項式と方程式／連立方程式／不等式／数列と級数／式の世界から関数の世界へ

【続刊】3.関数について　4.三角関数について　5.対数関数, 指数関数について　6.面積と積分について

＊本体価格は消費税別です（2000年4月30日現在）

▶お申込みはお近くの書店へ◀

朝倉書店

162-8707 東京都新宿区新小川町6-29
営業部　直通(03) 3260-7631　FAX (03) 3260-0180
http://www.asakura.co.jp　eigyo@asakura.co.jp

入門〈有限・離散の数学〉

A5判　132頁〜208頁

1. 離散数学入門 改訂版
秋山 仁・R.L.グラハム著　本体2400円
ISBN4-254-11427-3　注文数　冊

無限ではないが，天文学的な数でしか表現できない問題を扱う数学――離散数学。その入門的話題を，世界と日本の第一人者が解説。〔内容〕組合せ幾何／可視性問題／最短ネットワーク／詰込み／スケジュール作成／コンピューターの限界／他

2. グラフ理論最前線
秋山 仁著　本体2200円
ISBN4-254-11420-6　注文数　冊

離散数学の最も大きな分野であるグラフ理論とその関連領域について，基本的な定理・重要な定理と研究史を概説し，最新の問題や予想を解説する〔内容〕日本のグラフ理論の歩み／グラフ理論の重要定理早わかり／関心の集まる予想・問題／付録コンピューターとともに現在最も発展している離散数学の世界

3. 幾何学的グラフ理論
前原 潤・根上生也著　本体2400円
ISBN4-254-11421-4　注文数　冊

グラフ理論の中の幾何学的・トポロジカルな面に的を絞り，豊富な図と明解な文章により直観的理解をはかった。〔内容〕定義・基礎概念／平面・凸多面体・曲面上のグラフ／地図の色分け問題／平面上のフレーム／Rn空間内の距離グラフ，他

4. 計算幾何学・離散幾何学
D.エイビス・今井 浩・松永信介著　本体2200円
ISBN4-254-11422-2　注文数　冊

CGや地図情報，ロボット・LSIの設計などに不可欠なコンピューターによる幾何学の入門書。数学とアルゴリズムの関係をわかりやすく解説。〔内容〕2つの幾何学／直径と凸包／最遠点対と行列の最大値／交わり／幾何学的列挙／線形計画法

5. 円と球面の幾何学
前原 潤著　本体2300円
ISBN4-254-11423-0　注文数　冊

円・球面はさまざまな面白い性質を持っている。その興味あふれる話題を，離散幾何を中心に解説〔内容〕面白い例題／反転と立体射影／互いに接する球面の系／コイングラフ定理／球面幾何／13球の問題／球面上のランダム幾何／高次元の球／他

数学史叢書

足立恒雄・杉浦光夫・長岡亮介 編集　A5判

ガウス 整数論
C.F.ガウス著　高瀬正仁訳　532頁　本体9800円
ISBN4-254-11457-5　注文数　冊

数学史上最大の天才であるF.ガウスの主著『整数論』のラテン語原典からの全訳。小学生にも理解可能な冒頭部から書き起こし，一歩一歩進みながら，整数論という領域を構築した記念碑的著作。訳者による豊富な補註を付し読者の理解を助ける

ポアンカレ トポロジー
H.ポアンカレ著　斎藤利弥訳　280頁　本体5700円
ISBN4-254-11458-3　注文数　冊

「万能の人」ポアンカレが"トポロジー"という分野を構築した原典。図形の定性的な性質を研究する「ゴム風船の幾何学」の端緒。豊富な注・解説付。〔内容〕多様体／同相写像／ホモロジー／ベッチ数／積分の利用／幾何学的表現／基本群／他

アーベル／ガロア 楕円関数論
N.H.アーベル／E.ガロア著　高瀬正仁訳　368頁　本体7000円
ISBN4-254-11459-1　注文数　冊

二人の夭折の天才がその精魂を傾けた楕円関数論の原典。詳細な註記・解説と年譜を付す。〔内容〕＜アーベル＞楕円関数研究／楕円関数の変換／楕円関数論概説／ある種の超越関数の性質／代数的可解方程式／他＜ガロア＞シュヴァリエへの手紙

フリガナ		TEL
お名前		(　)　-
ご住所（〒　　）		勤務先　自　宅（○で囲む）

帖合・書店印	ご指定の書店名
	ご住所（〒　　）
	TEL（　）　-

00-016

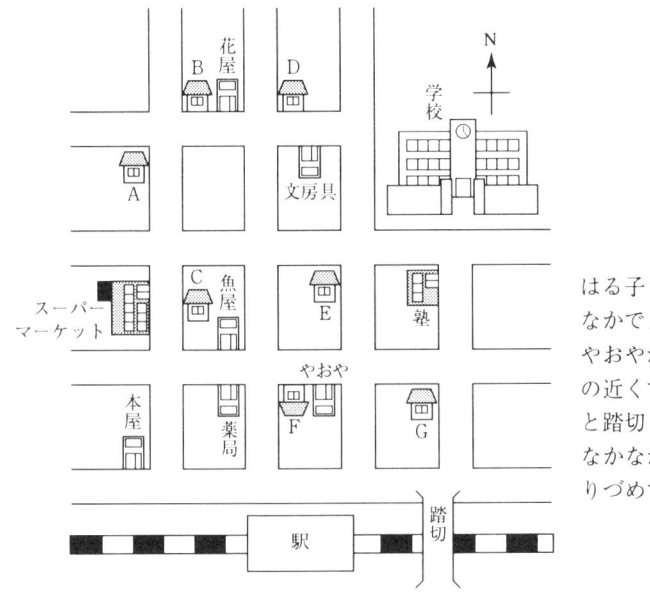

はる子さんの家は，地図のなかでA—Gのどれかです。やおやから東にはなく，駅の近くでもなく，また学校と踏切よりは西の方です。なかなか難しい問題ですがりづめでは解けませんよ。

図5.2 はる子さんの家．答えは120ページにあり．

*

　私が1984〜85年頃に朝日新聞夕刊に出題していた「トライパズル」の中で，「はる子さんの家」という問題がある（図5.2）．地図の中のいくつかの家のどれが，問題文に示したものかを推理するものである．この地図も，ここであげたような格子状の配置になっている．ちょうど私が現在の家に引っ越して1年かそこらで，日常体験をパズルにしたものである．なお「はる子さんの家」は好評だったため，続けて「なつ子さんの家」「あき子さんの家」「ふゆ子さんの家」も発表した．

● 参考文献
・中村義作，有澤　誠，小谷善行：おもしろパズルわーるど，日経サイエンス社，1994．
・有澤　誠：挑戦！数理パズル，日本実業出版社，1985．
・鮎川哲也：ヴィーナスの心臓，集英社文庫，1978．
　（収録作品の中の「達也が嗤う」(1954)，「薔薇荘殺人事件」(1958) の2編）

6
組合せ数

　組合せ数の中には，数学者の固有名詞がついているものがいくつかある．その代表的なものは，フィボナッチ数であろう．

$$1, 2, 3, 5, 8, 13, 21, 34, 55, 89, 144, 233, 377, 610, 987, \cdots$$

という数列を，フィボナッチ数列とよぶ．前のふたつの数を足すと次の数になるという単純な構造である．

　フィボナッチ（L. Fibbonacci＝Leonardo da Pisa：1180–1250 説と 1170–1240 説がある）はイタリアの数学者で，アラビア記数法をヨーロッパに導入し，それが現在のアラビア数字の普及のもとになった．算術や代数学の業績が残っており，13 世紀初め頃に円周率の近似値を正 96 角形の周をもとに 3.141818 と求めたりしている．フィボナッチという名前自体は，イタリア語で「お人好しの息子」という意味で，あだ名のようなものであったらしい．Leonardo を Leonald と書いてある本もあって，詳しいことは不明である．

　フィボナッチ数列の k 番目の要素を F_k で表せば，次のように再帰的な定義ができる．

$$F_0 = 1, \quad F_1 = 1, \quad F_k = F_{k-1} + F_{k-2}$$

フィボナッチ数列の隣合うふたつの比をとると，次のようになっている．

```
 2/ 1 = 2.0           21/13 = 1.6153846…
 3/ 2 = 1.5           34/21 = 1.6190476…
 5/ 3 = 1.66666…      55/34 = 1.6176470…
 8/ 5 = 1.6           89/55 = 1.6181818…
13/ 8 = 1.625
```

この値が，黄金比 $\phi = 1.618034\cdots$ に近づいていく．これは，さきほどのフィボナ

ッチ数列の定義式が差分方程式になっていることに注目して，F_k を x^2, F_{k-1} を x, F_{k-2} を 1 とおいた方程式，$x^2-x-1=0$ の解を「2 次方程式の根の公式」を使って求めることができる．

$$x=\frac{1\pm\sqrt{(1+4)}}{2}=\frac{1\pm\sqrt{5}}{2}$$

実はここで求まる x の値は，$(1+\sqrt{5})/2=1.61803\cdots$，$(1-\sqrt{5})/2=-0.6180\cdots$ の正のほうが ϕ の値になる．

*

フィボナッチ数列は，自然界に数多く見られる．たとえば植物の葉の枚数はフィボナッチ数列のどれかである．あるいは，つがいのねずみが子をひとつがい産み，子のつがいはおとなになり，おとなになると子のつがいを生む．おとなのつがいは死ぬことなく子を産み続ける．図 6.1 のように，ねずみのつがいの数はフィボナッチ数列で増えていく．この図はガードナー（M. Gardner）の本に出ていたものである．ねずみが子を産むまでに 1 ステップ分待ち時間があるところに注意して見てほしい．

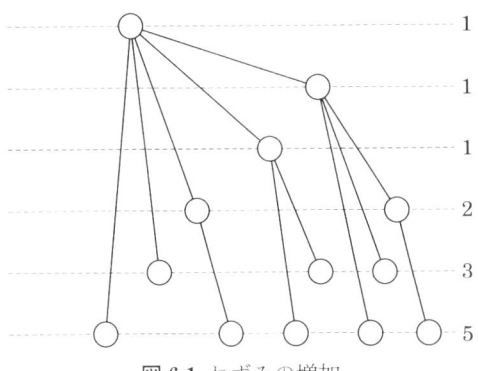

図 6.1 ねずみの増加

あるいは，1×2 の大きさの畳を k 枚，2×k の長方形に敷き詰める方法を調べてみると，次のようになる．ここでも方法の数がフィボナッチ数になっている．

なお，フィボナッチ数列の出発点の値 F_1 と F_2 を 1 でない数に変えると，種々の疑似フィボナッチ数列を作ることができる．

図 6.2　畳のしきつめ

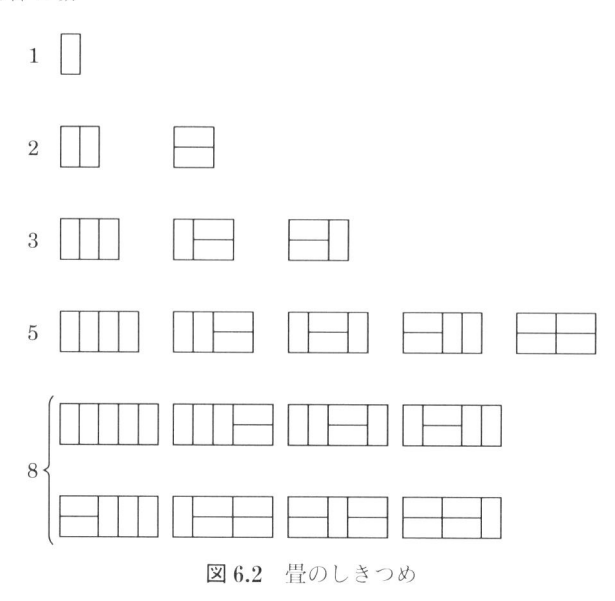

フィボナッチ数については，*Fibonacci Quartery* という学術雑誌上で新発見を次々と発表するほどであった．思いがけない場面で，この数列に出会うことの楽しみがある．

*

こんどはベル数をとりあげる．これもベル（Eric T. Bell）の名前をとって命名した．N 個のものを部分集合に分割する方法が何通りあるかを表す．

$B_0=1$,　　$B_1=1$,　　$B_2=2$,　　$B_3=5$,　　$B_4=15$,　　$B_5=52$,
$B_6=203$,　　$B_7=877$,　　$B_8=4140$,　　$B_9=21147$,　　$B_{10}=115975$,　　…

たとえば $N=3$ 個のもの $\{A, B, C\}$ について調べると，3 個の要素をいくつかのグループに分割する方法は，次のように 5 通りある（図 6.3）．

$\{A, B, C\}$	3	1 通り
$\{A, B\|C\} \{A, C\|B\} \{B, C\|A\}$	2+1	3 通り
$\{A\|B\|C\}$	1+1+1	1 通り

合計　5 通り

同様に $N=4$ 個のもの $\{A, B, C, D\}$ の場合には，次の 15 通りになる．

$\{A, B, C, D\}$	4	1 通り
$\{A, B, C \mid D\} \{A, B, D \mid C\} \{A, C, D \mid B\} \{B, C, D \mid A\}$	3+1	4 通り
$\{A, B \mid C, D\} \{A, C \mid B, D\} \{A, D \mid B, C\}$	2+2	3 通り
$\{A, B \mid C \mid D\} \{A, C \mid B \mid D\} \{A, D \mid B \mid C\} \{B, C \mid A \mid D\}$ $\{B, D \mid A \mid C\} \{C, D \mid A \mid B\}$	2+1+1	6 通り
$\{A \mid B \mid C \mid D\}$	1+1+1+1	1 通り
	合計	15 通り

*

日本には，$N=5$ 個の場合について，源氏香というゆかしい遊びがある．5 種類の香を聞いて，何番目と何番目が同じグループかを判断するものである．全部が同じ場合から，全部が異なる場合まで，さきほどと同様に数えあげていくと 52 通りになる．紫式部の『源氏物語』が 54 帖構成であることから，最初の「桐壺」と末尾の「夢の浮橋」を除いた 52 帖の名前，たとえば「夕顔」や「柏木」や「浮舟」などを，52 通りのパターンに対応づけして，どのグループ分けかを源氏の帖名で答える．無粋な数学など使わずに，源氏の素養を用いるところが，いかにも日本的な気がする．源氏香については，『広辞苑』にも詳しい記述がある．

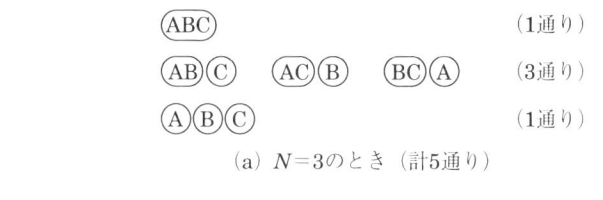

ⒶⒷⒸ　　　　　　　　　　　　　　　　　　（1通り）

ⒶⒷ Ⓒ　　ⒶⒸ Ⓑ　　ⒷⒸ Ⓐ　　　　　　（3通り）

Ⓐ Ⓑ Ⓒ　　　　　　　　　　　　　　　　　（1通り）

(a) $N=3$ のとき（計 5 通り）

ⒶⒷⒸⒹ　　　　　　　　　　　　　　　　　　　　　　　　　　（1通り）

ⒶⒷⒸ Ⓓ　ⒶⒷⒹ Ⓒ　ⒶⒸⒹ Ⓑ　ⒷⒸⒹ Ⓐ　　　　　　　　（4通り）

ⒶⒷ ⒸⒹ　ⒶⒸ ⒷⒹ　ⒶⒹ ⒷⒸ　　　　　　　　　　　　　　（3通り）

ⒶⒷ Ⓒ Ⓓ　ⒶⒸ Ⓑ Ⓓ　ⒶⒹ Ⓑ Ⓒ　ⒷⒸ Ⓐ Ⓓ　ⒷⒹ Ⓐ Ⓒ　ⒸⒹ Ⓐ Ⓑ　（6通り）

Ⓐ Ⓑ Ⓒ Ⓓ　　　　　　　　　　　　　　　　　　　　　　　　　（1通り）

(b) $N=4$ のとき（計 15 通り）

図 6.3　グループと記号の対応（ベル数）

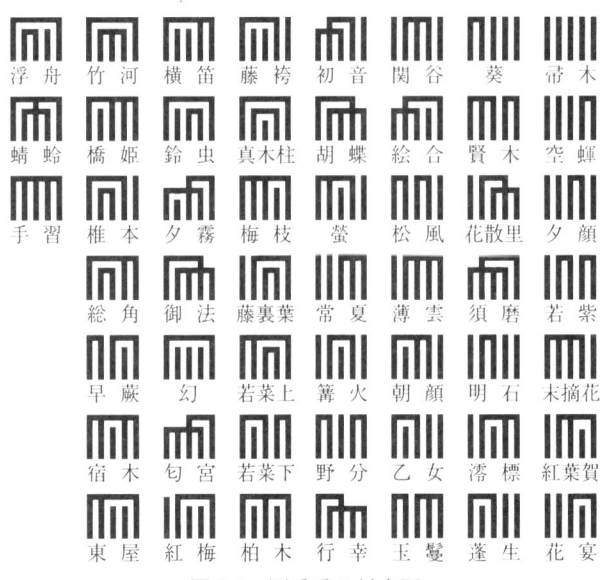

図 6.4 源氏香の対応図

　全部で 52 通りのパターンの名前は，図 6.4 のようになっている．ここでは右からABCDEと順に5通りの香を並べて，同じ香の場合を線でつないでいる．左からではないことに注意．日本の習慣は縦書の行が右から左である．たとえば，5種類全部が異なる場合は「帚木」，5種類全部が同じ場合は「手習」である．またB＝D, C＝Eの場合を図で探すと「初音」に対応していることが分かる．これと反対に「若紫」に対応する図を探すと，A＝B, C＝Dの場合だと分かる．全部で52通りのパターンの名前を記憶することは，それほど容易でもなく，しかし努力すれば誰にでも可能で，知的遊戯の水準として手ごろだったのであろう．

*

　ベル数は，この後に出てくるスターリング数とも関係がある．

　スターリング数は，N 個のものをいくつかのグループに分割する方法が何通りあるかを表す．ここでも数学者スターリング（James Stirling, 1692–1770）の名前から命名している．実はスターリング数には2種類あり，ここで述べているほうは第2種のスターリング数とよぶことが多い．

＊

たとえば $N=3$ の場合，3個のもの $\{A, B, C\}$ をいくつかのグループに分割する方法は次のようになる．

$\{A, B, C\}$	1グループ	1通り
$\{A, B\|C\}\{A, C\|B\}\{B, C\|A\}$	2グループ	3通り
$\{A\|B\|C\}$	3グループ	1通り

同様に $N=4$ の場合，4個のもの $\{A, B, C, D\}$ をいくつかのグループに分割する方法は次のようになる（図6.5参照）．

$\{A, B, C, D\}$	1グループ	1通り
$\{A, B, C\|D\}\{A, B, D\|C\}\{A, C, D\|B\}\{B, C, D\|A\}$ $\{A, B\|C, D\}\{A, C\|B, D\}\{A, D\|B, C\}$	2グループ	7通り
$\{A, B\|C\|D\}\{A, C\|B\|D\}\{A, D\|B\|C\}$ $\{B, C\|A\|D\}\{B, D\|A\|C\}\{C, D\|A\|B\}$	3グループ	6通り
$\{A\|B\|C\|D\}$	4グループ	1通り

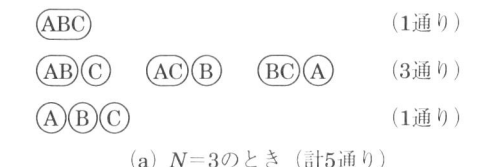

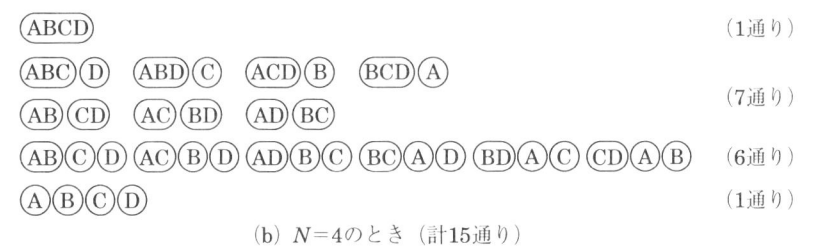

図 6.5　グループと記号の対応（第2種スターリング数）

第2種のスターリング数を，縦方向に要素数，横方向にグループ数をとって表にすると，表6.1のようになる．

＊

表 6.1 第2種スターリング数

n\k	0	1	2	3	4	5	6	7	8	9
0	1									
1	0	1								
2	0	1	1							
3	0	1	3	1						
4	0	1	7	6	1					
5	0	1	15	25	10	1				
6	0	1	31	90	65	15	1			
7	0	1	63	301	350	140	21	1		
8	0	1	127	966	1701	1050	266	28	1	
9	0	1	255	3025	7770	6951	2646	462	36	1

　第2種が先に出てくると，やはり第1種が気になる．第1種のスターリング数は，N個の要素を円環状に並べるやりかたの数を表す．円環では，右回りと左回りを区別する．

*

　たとえば3個の要素 {A, B, C} については，次のようになる（図6.6参照）．

　　　　{A, B, C} {A, C, B}　　　　　1個の円環　2通り
　　　　{A, B | C} {A, C | B} {B, C | A}　2個の円環　3通り
　　　　{A | B | C}　　　　　　　　　　3個の円環　1通り

また4個の要素 {A, B, C, D} については，次のようになる（図6.6参照）．

{A, B, C, D} {A, B, D, C} {A, C, B, D} {A, C, D, B}
{A, D, B, C} {A, D, C, B}　　　　　　　　　　1個の円環　6通り

{A, B, C | D} {A, B, D | C} {A, C, B | D} {A, C, D | B}
{A, D, B | C} {A, D, C | B} {B, C, D | A} {B, D, C | A}　2個の円環　11通り
{A, B | C, D} {A, C | B, D} {A, D | B, C}

{A, B | C | D} {A, C | B | D} {A, D | B | C}
{B, C | A | D} {B, D | A | C} {C, D | A | B}　　　　3個の円環　6通り

{A | B | C | D}　　　　　　　　　　　　　　　　　　4個の円環　1通り

この数えあげの中で，{A, B, C, D}={B, C, D, A}={C, D, A, B}={D, A, B, C} だから，代表として {A, B, C, D} をとりあげている．しかし {A, B, C, D}≠{D, C, B, A} であり，{D, C, B, A}={A, D, C, B} だから後者を代表として取り上げている．

(a) $N=3$ のとき（計6通り）

(b) $N=4$ のとき（計24通り）

図 6.6 円環と記号の対応（第1種スターリング数）

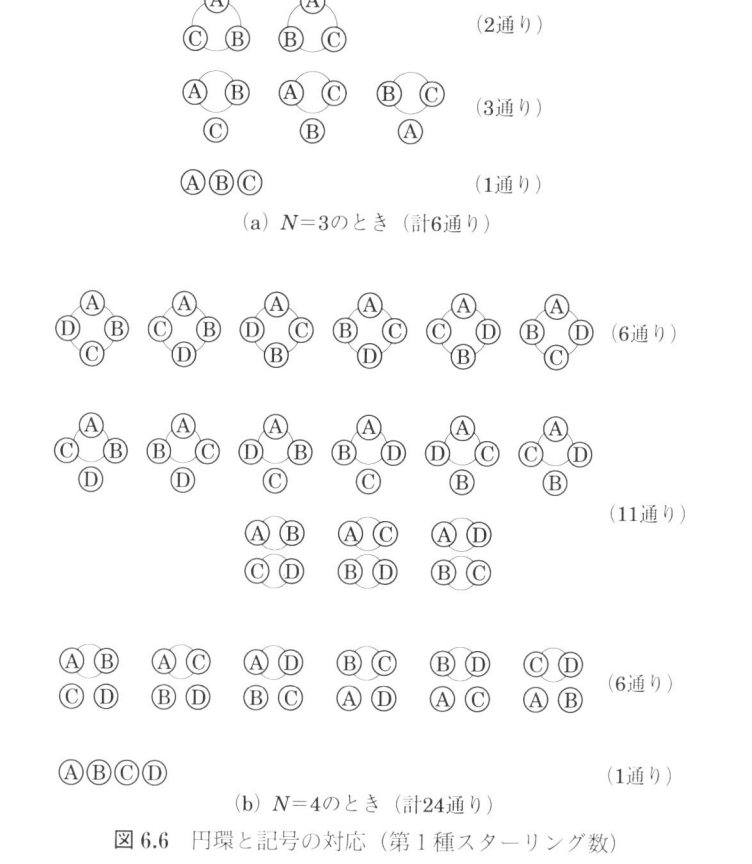

表 6.2 第1種スターリング数

n \ k	0	1	2	3	4	5	6	7	8	9
0	1									
1	0	1								
2	0	1	1							
3	0	2	3	1						
4	0	6	11	6	1					
5	0	24	50	35	10	1				
6	0	120	274	225	85	15	1			
7	0	720	1764	1624	735	175	21	1		
8	0	5040	13068	13132	6769	1960	322	28	1	
9	0	40320	118124	109584	67284	22449	4536	546	36	1

*

ここでも，縦方向に要素数，横方向に円環数をとって表にすると，表6.2のようになる．
さきほどの第2種のスターリング数の表と比較すると，右上の対角線沿いには同じ値が並んでいるが，左下の数値は第1種のスターリング数のほうがずっと大きな値になっている．

*

人名がついた組合せ数として，もうひとつだけカタラン数をあげておく．これは，カタラン（Eugene C. Catalan, 1814-1894）が1938年に書いた論文に出てきた．

$C_0=1$,　　$C_1=1$,　　$C_2=2$,　　$C_3=5$,　　$C_4=14$,　　$C_5=42$,
$C_6=132$,　　$C_7=429$,　　$C_8=1430$,　　$C_9=4862$,　　$C_{10}=16796$,　　……

トーナメントの対戦表の総数がカタラン数になる，と文献には書いてある．たとえばティーム数が2の場合は1通りしかない．ティーム数が3になると，図のような2通りの木の形ができる．ティーム数が4の場合，全部で5種類の木の形がある．木の形をティーム名を括弧でくくった構造で表すことで，明確に区別できている．

図6.7から分かるように，トーナメントの対戦表とはいっても，たとえば$N=3$の場合に，まずAとCが対戦してその勝者がBと当たる場合を含んでいない．ティーム名の順序を固定した上で，何通りの異なったトーナメントの木を作ることができるかを数えている．

*

カタラン数を別の形で特徴づけたのがオイラー（Leonhard Euler）である．正多角形を対角線を引いて小さな3角形の集まりに分割する方法が何通りあるかが，カタラン数になっている．たとえば正3角形では対角線は引けないから，1通りである．正4角形の対角線は2本あり，そのどちらを選ぶかで2通りの方法がある．正5角形の対角線は5本あり，その中から2本を交わらないように選ぶ方法は5通りある．同様に正6角形の6本の対角線から3本を交わらないように選ぶ方法は14通りある．図6.8をよくみると，これですべてのパターンを尽くしていることを確かめることができる．

(a) $N=2$ のとき（1通り）

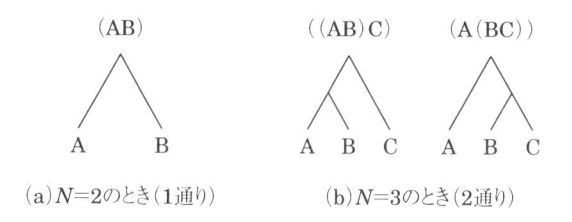

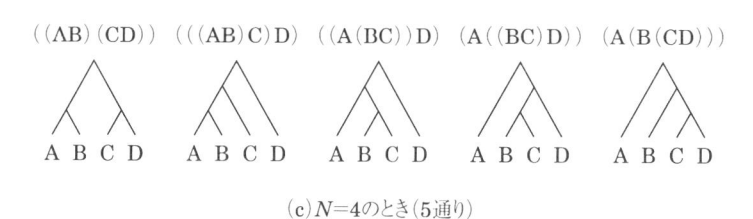

(b) $N=3$ のとき（2通り）

(c) $N=4$ のとき（5通り）

図 6.7　トーナメント対戦表の種類（カタラン数）

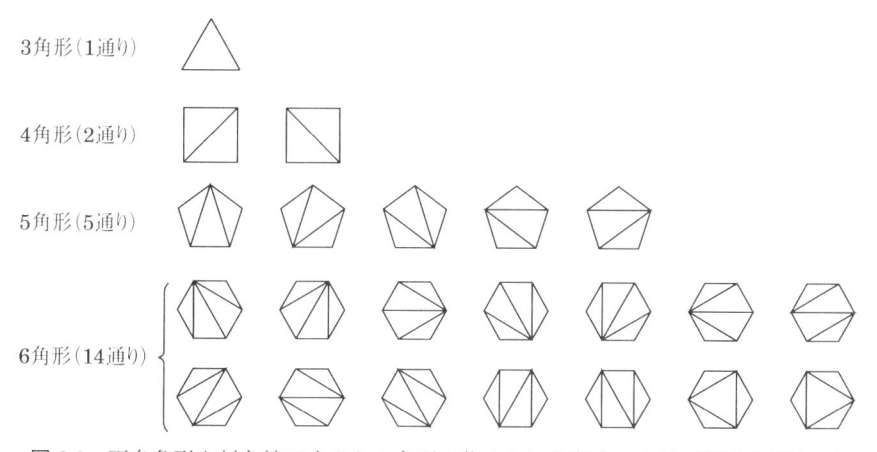

3角形（1通り）

4角形（2通り）

5角形（5通り）

6角形（14通り）

図 6.8　正多角形を対角線で小さな3角形の集まりに分割する方法（正6角形まで）

*

　組合せ問題をみていると，他にもいろいろな場合にカタラン数が現れてくる．カタラン数は次のように，比較的単純な数式の形で記述することができる．

$$\text{カタラン数 } C_n = \frac{2n!}{n!(n+1)!}$$

しかしここでも，数式をいじくりまわすより，比較的小さな場合についての事例を列挙し，そこにあるパターンを発見して一般化するという過程が，情報数学の楽しみであることを体得してほしいと思う．

●参考文献
- 数学セミナー編集部(編)：数学 100 の問題 数学史を彩る発見と挑戦のドラマ，日本評論社，1999．
- Ronald L. Graham, Donald E. Knuth, Oren Patashnik : Concrete Mathematics, A Foundation for Computer Science (2nd ed.), Addison-Wesley, 1989/1994.
  有澤 誠，安村通晃，萩野達也，石畑 清(訳)：コンピュータの数学，共立出版，1993．(これは初版の訳で，第 2 版の訳はまだ出ていない)
- 一松 信，竹之内 脩 (編)：(改訂増補) 新数学事典，大阪書籍，1979/1991．
- 島内剛一，有澤 誠，野下浩平，浜田穂積，伏見正則 (編)：アルゴリズム辞典，共立出版，1994．
- Martin Gardner : Mathematical Circus, Knopf, 1979.

7
文 字 列

　これまでに何度か，文字列についての演算や性質を例にあげてきた．数学という名前であっても，文字列を扱うことも頻繁にある．特にコンピュータが扱う情報は文字列の形をしていることが多い．プログラミング言語についても，数値の処理と並んで文字列の操作の占める量が相当ある．また Lisp や Prolog などのプログラミング言語は，記号処理言語の仲間であり，リストという形の文字列を対象としている．

＊

　数値の並べ替えと同様に文字列にも並べ替えがある．数値の場合には，大きい順（たとえば試験の成績順など）と，小さい順（たとえば学籍番号順）の両方がある．文字列については，通常は辞書式順序に並べ替える．文字をローマ字に限った場合，手元の小さな英和辞典の最初に出てくる単語を並べると，次のようになる．

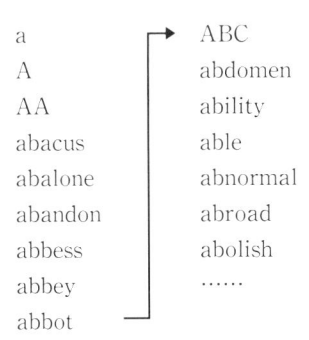

```
a          →  ABC
A             abdomen
AA            ability
abacus        able
abalone       abnormal
abandon       abroad
abbess        abolish
abbey         ……
abbot
```

　この辞書では，大文字と小文字では小文字を先にして，aAbBcCdDeE…という順序を採用している．英語力を確めたい人は，もっと大きな辞書でここにあげた

語の隙間に入る語をいくつ知っているか列挙してみるとよいかもしれない．たとえば aback, abate, abbreviate などがこの辞書には抜けている．

　辞書式順序は，辞書だけでなく，一般の書籍の巻末にある索引でも採用している．索引が充実している本は，辞典代わりに使うことができて便利である．最近はコンピュータで本作りをするため，索引の制作はコンピュータが半ば自動的にやってくれることもある．

*

　ふたつの語のどちらが先かを調べるには，最初から 1 文字ずつ比べていって，どちらかが空白になれば短いほうを先にする．たとえば abandon と abandoner では，短いほうの abondon が先になる．またどこかで異なる文字が現われた場合は，その異なる文字の ABC 順で早いほうを先にする．たとえば abbess と abbey では，4 番目までは abbe で同じで，5 番目の文字が s と y と異なるから abbess を先にする．

*

　実は数字も文字の仲間である．だから前に触れたように，数と数字とは区別してほしい．通常は ABC の末尾に 0 から 9 までの数字を順序づけて，英字と数字が混じった語を並べる．たとえば Y 2 K（西暦 2000 年問題）とか MP 3（画像圧縮方式名）など，最近の用語辞典ではこうした語を欠かすことはできない．ここで数字だけからなる語を辞書式順序に並べてみると，次のようになる．

1
11
1120
113
12
1200

　ここで言いたかったことは，数字列の辞書式順序と，その数字列が表す数値の大小の順序とは，異なっていることである．文字列は左から順に書いていき，長さが異なる文字列を並べる場合は，短いほうの文字列の右側に空白が詰まっているものとみなす．しかし数を数字で表す場合は，長さが異なる場合には，数字列の左側に 0 を表す空白が詰まっているものとみなす．さきほどの例に 0 を補うと

次のようになる．

$$
\begin{aligned}
1 &= 0001 \\
11 &= 0011 \\
1120 &= 1120 \\
113 &= 0113 \\
12 &= 0012 \\
1200 &= 1200
\end{aligned}
$$

この形で辞書式順序に並べ替えると，今度は次のように数値の小さい順と同じになる．

$$
\begin{aligned}
0001 &= 1 \\
0011 &= 11 \\
0012 &= 12 \\
0113 &= 113 \\
1120 &= 1120 \\
1200 &= 1200
\end{aligned}
$$

すなわち，0 を補って桁数を揃えた場合は数字列の辞書式順序が数値の大小の順序と等価になるが，空白を用いて長さが異なる数字列ではそうならない．

*

　ここまでは文字を英字と数字に限定してきたが，かな文字や漢字を考えると別の問題が生じる．かな文字については50音順に，あいうえおかきくけこ…と順序がつく．カタカナについては英字の大文字・小文字と同様に，どちらが先かを決めておけばよい．手元の国語辞典では，ひらがなが先，カタカナが後で，あアいイうウえエおオ…という順序になっている．

　問題は濁点や半濁点である．通常は，それがないものの後になり，たとえば，はハばバぱパひヒびビぴピふフぶブぷプ…という順序になる．しかしこの濁点は局所的にしか使わず，まず濁点や半濁点がないものとして並べてから，最後になって濁点・半濁点を含めて順序づけする．たとえば次のような順序が，かな文字の辞書式順序である．これは手元の国語辞典に出ている語をいくつか順序を変えずに取り出して，新たにひらがなとカタカナが混じった「ドラえもん」を追加したものである．

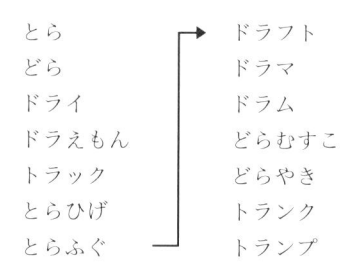

とら	ドラフト
どら	ドラマ
ドライ	ドラム
ドラえもん	どらむすこ
トラック	どらやき
とらひげ	トランク
とらふぐ	トランプ

　これは，ひらがなカタカナかにかかわらず，まず語を読みの順に並べて，その後で使っている文字で細かい順序を決めているものと思われる．そのほうが，辞書を引く読者にとって，求める語を探しやすいからである．

　かな文字で，促音のちいさな「っ」や「ッ」は，「つ」や「ツ」の直後に位置づけている．また「ん」「ン」は50音の末尾になることは言うまでもない．カタカナでは長音を示す「ー」がある．ひらがなでは母音で代用する．したがって，たとえば次のような順に語が並ぶ．

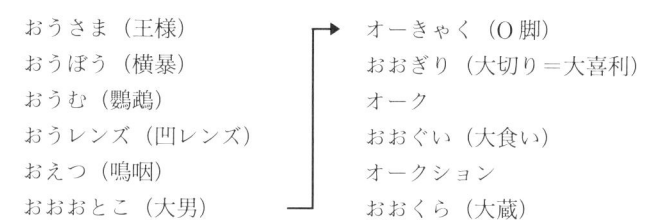

おうさま（王様）	オーきゃく（O脚）
おうぼう（横暴）	おおぎり（大切り＝大喜利）
おうむ（鸚鵡）	オーク
おうレンズ（凹レンズ）	おおぐい（大食い）
おえつ（嗚咽）	オークション
おおとこ（大男）	おおくら（大蔵）

もしイーという場合は「い」や「イ」の後に入り，ミーなら「み」や「ミ」の後になる．したがって，長音のつく文字は，他の文字と同等に扱うことはできず，文脈に応じて順序位置が異なる．

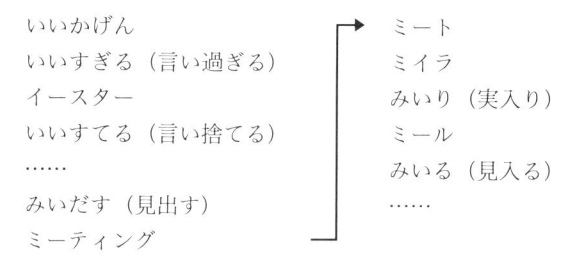

いいかげん	ミート
いいすぎる（言い過ぎる）	ミイラ
イースター	みいり（実入り）
いいすてる（言い捨てる）	ミール
……	みいる（見入る）
みいだす（見出す）	……
ミーティング	

＊

　私は，カタカナ語の長音を濫用せず，外来語の原音が二重母音の場合には，た

とえば「ゲイム」とか「センセイション」などのように長音記号を使わない記法のほうを採るべきだと考えて，実践している．しかし出版社の編集者たちからは，文部省令に反するからと，あまりよい顔をされない．過ちを糺すには遅すぎることはないと学校で教わったものであるが，いざ実践しようとすると困難が多いものである．

＊

こんどは漢字である．漢字を含む語についても，多くの辞書ではその読みの50音順に並べている．しかし，電話帳や一部の住所録では，読みの50音順ではなく，漢字順を採用する場合がある．

たとえば，「田中」と「高橋」では，読みなら「高橋」が先であるが，漢字だと画数の少ない「田」を「高」より先に出すため，順序が入れ替わる．同様に，「有澤」と「安西」でも，読みなら「有澤」が先であるが，漢字だと画数は同じでも「安」のほうを先にしている．しかも，これは「あんざい」と読むからであり，「安村」なら「やすむら」だからずっと後のほうになる．すなわち，漢字だけの順序というわけでもなく，漢字の読みと画数とを組み合わせた順序づけになっている．

電話帳で名前を探すとき，同じ漢字で始まる名前が並ぶ点では，この方法は便利である．同じ「山崎」でも「やまざき」と読む人と「やまさき」と読む人が混じっていて，別々のところに分かれてしまうと不便である．「渡部」は通常は「わたべ」と読むが，東北地方の一部（秋田県など）ではこれで「わたなべ」と読む．漢字順なら，同じところに集まるから，探しやすい．

しかし「一瀬」は「いちのせ」「いちせ」「いっせ」など複数の読みかたがある．「角田」にも，「かくた」「かどた」「つのだ」など異なる読みかたがあって，これだとカの音とツの音がまじるから，角の字で一ヶ所に集めてしまうことはできない．

＊

かな漢字の文字列の辞書式順序について述べてきたが，実は英単語でも必ずしも辞書式に並べないこともある．手元にあるアメリカ映画ガイドでは約2万項目の映画名をほぼ辞書式順序に並べている．しかし先頭が The で始まる映画については，それを省いた名称を採用している．たとえば次のような順序になっている．

    Terminal Bliss（1992）
    Terminal Choice（1985, Canadian）
    Terminal Island（1973）
    Terminal Man,The（1974）
    Terminal Velocity（1994）
    Terminator,The（1984）
    Terminator 2：Judgement Day（1991）
    Termini Station（1989, Canadian）
    Term of Trial（1962, British）
    Terms of Endearment（1983）

ここではマイケル・クライトン原作の「ターミナルマン」と，A.シュワルツネッガー主演の「ターミネーター」が，the を外した termina…の位置に掲載して，読者の便宜を図っている．「ターミネーター2」のほうには the がついていないこともあって，この方法なら定冠詞を除けば同じ語で始まる表題の映画が並ぶ結果になった．

*

 文字列を並べる順序の話題だけで，かなり紙幅を費やしてしまった．文字列に関する基本演算には，次のようなものがある．ふたつの文字列 α と β を単につなげて，ひとつの文字列 $\alpha\beta$ を作る演算を結合，あるいは連結とよぶ．英語では concatenation であり，Unix のコマンドでは前後を省略して cat という名前にしている．他にも，文字列 α の先頭から短い文字列片 β を削除する演算や，文字列 α の末尾から短い文字列片 β を削除する演算などを定義することもある．文字列の演算でも，代数構造のいくつかの性質を満たす．空字が cat 演算の単位元に相当している．

*

 文字列については，ふたつの重要な操作がある．ひとつは，長い文字列 α の中から，短い文字列片 β を探す操作で，キーワード検索とよぶ．もうひとつは，ふたつのかなり似ている文字列を α と β を比べて，どこに差異があるか検出する操作である．こちらは，コンピュータで文書を作っているとき，わずかずつ異なる版がいろいろできてしまうとき，どの版が最新かなどを調べる版管理でよく使う

操作である．

*

キーワード検索をするには，α と β を先頭から 1 文字ずつ比べていき，β と同じものが α の途中にあるかどうか調べる．β の途中まで比べたところで不一致になったら，α の出発位置を 1 文字ずらせて，再び β の先頭から 1 文字ずつ比べていく．この方法は簡明直截であるが，効率がよくない．より高速なキーワード検索方法としては，α のある部分で β の途中まで一致したとき，その一致部分がどのような文字列かに応じて α の出発位置をずらす量を 1 文字でなく，もっと大幅にスキップする．このとき β を先頭から 1 文字ずつ比べるよりも，β の末尾から逆順に 1 文字ずつ比べるほうが効率がよい．これは，高速の文字列照合アルゴリズムとして，アルゴリズムの本に出ている．

*

ほぼ同じだがわずかな違いのあるふたつの文字列 α と β で，その差異の位置を検出する方法も，実質的にはキーワード検索に似ている．α と β を先頭から 1 文字ずつ比べていき，不一致がみつかったところで両者の差異を記録する．この差異の部分に続いて再び同じ文字列が続く部分を検出し，また不一致が見つかったときに差異を記録する．こうしてふたつの文字列の先頭から末尾までに含まれている不一致をすべて列挙すると，版管理という実用上の問題に対処できる．

ただし，不一致箇所から復帰する部分の検出には，あいまいさが生じることがある．すなわち，一致箇所と不一致箇所をどう決めるかに，複数通りの可能性が出てくる可能性がある．通常は，最長一致法，すなわち一致する部分列の長さをできるだけ長くなるように，どこまでが一致箇所でどこからどこまでが不一致箇所かを決める．たとえば表 7.1 の例では，下線部に差異があることを示す 2 種類

表 7.1　不一致箇所から復帰する部分の検出

	(1)	(2)
文字列 α	abcd<u>e</u>fghijk ⇩	abc<u>def</u>ghijk ⇩
文字列 β	abcdfg<u>hi</u>hijk	abcdfg<u>hihi</u>jk
解 釈	α の e が β では抜けて g のあとに hi が入った	α の efg が β では fghi になった

の解釈が可能になるが，1番目の解釈のほうを採用することになる．

*

文字列を対象とする場合，かな漢字と英数字が混じっている文字列では，文字コードの特徴によって，処理が異なる場合がある．通常，かな漢字は全角文字を使うため，内部コードは2バイトで1文字を表す．一般の英数字は半角文字で，内部コードは1バイトで1文字を表す．

このとき，2バイト文字と1バイト文字が混在した文字列には，大きく2種類の構成方法がある．ひとつは，それぞれのバイトのビット列を見れば，それが1バイト文字かそれとも2バイト文字の一部分かを判断できるコード構成にする方法である．たとえばシフトJISコードはそのようになっている．もうひとつは，1バイト文字から2バイト文字へ切替える特別な文字（シフトイン）と，反対に2バイト文字から1バイト文字へ切替える特別な文字（シフトアウト）を用いる方法である．たとえばJISコードはそのようになっている．

同じ文字数であっても，JISコードではシフトイン/シフトアウトを含むため，シフトJISコードからJISコードに変換すると，コンピュータ内部での文字数は増えてしまう．何度か文字列の編集を繰り返すと，シフトイン/シフトアウトの文字が冗長に残ってしまう可能性もある．次の例のように，本来は同じはずの文字列が，異なる文字列に内部表現されてしまうおそれもある．

今日は [o] 10 [i] 月 [o] [i] の日曜日です
　　――もとは日付の半角文字があったが編集過程で消してしまったためシフトイン/シフトアウト文字だけ冗長に残ってしまった（[o] [i] を削除しても同じ）

実はUnixで使っている文字列でも似たようなことが生じる．Unixではファイルを単純化して単なる文字列にしたため，明示的に改行文字を入れて行構造を示すことになっている．もしキーワードの途中で改行が生じたときは，たとえば　プログラ [CR] ミング　などのような内部表現になっており，キーワード検索で「プログラミング」と照合したときに，ここをすり抜けてしまう可能性がある．

英語のファイルの場合，行末にかかった単語をハイフンで分離して行にまたが

る処理をする．ハイフンを空字と同様に扱って文字列照合をするなら，問題は生じない．しかし日本語ファイルでは，ハイフンを用いた行末処理はしないから，改行文字を空字と同様に扱って文字列照合をする必要がある．

●参考文献

- 数学セミナー編集部（編）：数学 100 の問題 数学史を彩る発見と挑戦のドラマ，日本評論社，1999．（一松 信による円周率の近似値の章）
- Ronald L. Graham, Donald E. Knuth, Oren Patashnik : Concrete Mathematics, A Foundation for Computer Science (2nd ed.), Addison-Wesley, 1989/1994.
  有澤 誠，安村通晃，萩野達也，石畑 清(訳)：コンピュータの数学，共立出版，1993．（これは初版の訳で，第 2 版の訳はまだ出ていない）
- 一松 信，竹之内 脩（編）：(改訂増補) 新数学事典，大阪書籍，1979/1991．
- 島内剛一，有澤 誠，野下浩平，浜田穂積，伏見正則（編）：アルゴリズム辞典，共立出版，1994．

8

同値関係と順序関係

　実世界では，しばしば「関係」という概念が現れる．コンピュータ科学や数学でも，関係がより抽象化した形で現れる．たとえばデータベースやオブジェクト指向モデリングで，情報モデルを作るとき，エンティティリレイション図（ERD）という図面を描く．このリレイションが「関係」である．一般にも，ものを点で表し，関係を線で表して，点と点を結ぶ線で種々の関係を描く方法をとる．

　関係の例としては，次のようなものがある．ふたつのものの間の関係が多いが，3個以上のものの関係もある．また，同質なもの同士の関係だけでなく，異質なものの間の関係もある．

(1) 数の大小関係（$<\ =\ >\ \leqq\ \geqq\ \neq$）など
(2) 集合同士の包含関係
(3) 図形の相似，合同など
(4) 人と人の，親子，夫婦，兄弟姉妹，祖父母孫，親類，友人，知人，隣人，同僚，先輩後輩，上司部下，保証人，恩人，ライヴァルなどの関係
(5) 3人の男女の三角関係，4人の男女の四角関係，テレビドラマに出てくる複雑な人間関係など（W. シェイクスピアの戯曲『夏の夜の夢』でもこうした題材を扱っている）
(6) 集合と要素の間の包含関係（集合が要素を含むか含まないか）
(7) 平面図形の点と線の関係（点が線の上にあるかないか）
(8) 組織と人との関係（会社に雇われている，会社を経営している，会社を告訴しているなど）

*

　このような関係の中で，同値関係（等価関係）とよぶものがある．それは次の

3条件を満たす場合である．しばしば≡の記号を使う．ここでは，ある集合 A の要素についての二項関係 R を考える．
- ⟨1⟩ A のすべての要素 a について aRa が成り立つ（反射律）
- ⟨2⟩ A の要素 a と b について aRb が成り立つなら，bRa も成り立つ（対称律）
- ⟨3⟩ A の要素 a, b, c について aRb, bRc が成り立つなら，aRc も成り立つ（推移律）

同値関係の例は，次のようなものである．日本語の同値あるいは等価という語感から，想像がつくものが多い．
(1) 数値の等号（＝）関係
(2) 図形の合同関係，相似関係
(3) 人の同年齢関係

*

同値でない関係の例は次のようなものである．こちらの例は，同値関係の例で少し条件を変えたものが分かりやすい．
(1) 数値の大小関係 → 対称律を満たしていない（≧のように等号を含む大小関係は反射律を満たしていることに注意）
(2) 図形の鏡像関係 → 反射律と推移律を満たしていない
(3) 人の親類関係 → 推移律を満たしていない（姻戚を含む場合）

他にも同値でない関係の例をいくつかあげておく．種々の人間関係の中に，よい例題が見つかりそうである．3通りの性質の組合せを尽くすには，数の世界の関係を扱うほうが適切なものを見つけやすい．
(4) 学生仲間の友人関係 → 反射律と推移律を満たしていない
(5) 家族の兄弟姉妹関係 → 反射律と推移律を満たしていない
(6) 学校関係者の師弟関係 → 反射律も対称律も推移律も満たしていない
(7) 思春期の人たちの片思い関係 → 反射律も対称律も推移律も満たしていない
(8) 整数の真の約数であるという関係 → 反射律と対称律を満たしていない
(9) 町が近く（たとえば直線距離で 4 km 以内）にあるという関係 → 推移律を満たしていない

＊

なお，対称律と推移律を満たすと，推移律の定義で $c=a$ としたときに反射律になるため，反射律だけ満たさない反例を探すことは楽ではない．要点は，反射律は「すべての要素について」であり，対称律と推移律は「何々が成り立つなら」であることである．

＊

ひとつの同値関係によって，ものをグループ分けすることができる．このグループを同値類とよぶ．もともと，同値関係に注目するのは，何かの共通点でグループ分けしたいためである．たとえば次のような同値類がある．
  (1) 3の倍数，3の倍数+1，3の倍数−1 の3グループ（整数を3で割った余りが 0, 1, 2 という関係でグループ分けしている）
  (2) 出身高校による学生のグループ（同じ高校出身という同値関係でグループ分けしている．県人会なども同じ発想である）
  (3) 生まれた年が同じ人たちというグループ（同年齢という関係でグループ分けしている）

＊

世界のモデリングに，同値関係という概念をもつと，明確な整理ができることが多い．何らかの意味で似たもの同士を集めて，グループにまとめる発想である．たとえばオブジェクト指向では，似たようなものの集まりをオブジェクトクラスとして，共通の枠組みに収めてモデル化する．

＊

同値関係の反例をみると，順序づけした関係になっているものがいくつもある．そこでこんどは，順序関係を考える．次の3条件を満たす場合に，順序関係とよぶ．ここでも集合 A の要素に関する二項関係を考えている．
  〈1〉 A のすべての要素 a について aRa が成り立つ（反射律）
  〈2〉 A の要素 a, b について，aRb，bRa が成り立つなら $a=b$ である（反対称律）
  〈3〉 A の要素 a, b, c について，aRb，bRc が成り立つなら aRc も成り立つ（推移律）

同値関係と順序関係とは，2番目が対称律か反対称律かだけが異なっている．反対称律で述べていることは，aRbとbRaのどちらも成り立つ場合には，実はaとbは同じものであること，すなわちaとbが異なる場合にはaRbかbRaのどちらかしか成り立たないことである．したがって，どちらも成り立たない場合もある．

*

順序関係の例をいくつかあげる．順序づけといっても，条件〈1〉があるために，ここの例にもれてしまう場合が出てくることに注意．
(1) 数値の≦や≧の大小関係（〈1〉の条件から等号を含む必要がある）
(2) 集合の包含関係
(3) 整数aがbの約数であるという関係
(4) 人の年齢が同じかまたは若いという関係（数値の大小関係に帰着）
(5) 試験の得点が同じかまたは高いという関係（同上）
(6) 単語の辞書式順序で前後の関係
(7) 名前の50音順で前後の関係

*

順序関係でないものの例をあげる．そのいくつかは，条件〈1〉のために除外されてしまったものである．また，条件〈3〉を満たさないものもある．もちろん同値関係であれば順序関係でないものの例になる．
(1) 数値の等号を含まない大小関係 → 反射律を満たさない
(2) じゃんけんで勝つという関係 → あいこや三つ巴の可能性があり，推移律を満たさない
(3) スポーツの試合でより強いという関係 → 三つ巴の可能性があり，推移律を満たさない
(4) 家系図で先祖に当たるという関係 → 自分自身は先祖でないから反射律を満たさない

*

順序関係の特別な場合として，集合Aの要素a, bについてaRbかbRaのいずれか一方が必ず成り立つ場合に，全順序関係という．すなわち，関係Rを用

いてすべての要素が比較可能である．このとき，全順序関係を用いて，すべての要素を一列に並べることができる．反対称律によって，異なる要素同士が等しくなることはない．

順序関係は，対象を一列に並べるときに便利である．この並べる操作のことをソート（整列）とよぶ．順序関係は，等号を含む大小関係か，それに類似した関係で定義してある．実用上は，等号を含まない大小関係についても，定義を少し拡大して等号を含ませることで，順序関係の考えかたを適用できることが多い．

たとえば数の大小関係や，文字列の辞書式順序関係などが，全順序関係の例である．文字列については，すでに第 7 章に詳しく書いた．

*

全順序関係ではない順序関係を，半順序関係という．準順序関係とよぶこともあるが，言いにくいし混乱しやすい．こちらは，集合 A のある要素 a, b について，aRb と bRa のどちらも成り立たない場合がある．よくあげる例として，図 8.1 のようなものがある．

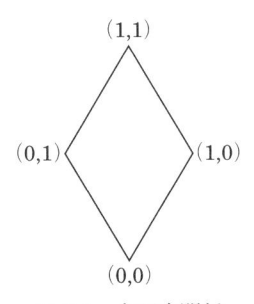

図 8.1 半順序関係

これは，複素数の実部と虚部だと解釈してもよい．さらに 3 次元に拡大して，次の図のように描いたものも，半順序集合の例になる．8 個の点を線で結ぶとちょうど立方体をワイヤーフレイムで描いたような図になる（図 8.2）．この図はまた，べき集合の包含関係を表すものと解釈することもできる．この図はまた，45 度傾けて，$(1, 1, 1)$ が上になり $(0, 0, 0)$ が下になるように描くこともでき，その場合には上下に半順序関係で並んでいるように見える．

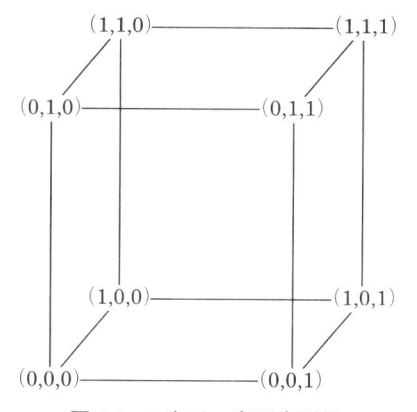

図8.2 3次元の半順序関係

*

　注意すべきことは，さきの反例に出てきた三つ巴構造は，半順序ではないことである．三つ巴は推移律が成り立たないから順序関係でなく，したがって半順序関係でもない．半順序関係とは，互いに順序をつけられない要素が存在するものの，全体としてはおおむね順序づけできる場合をさしている．特に推移律が成り立つことが，半順序関係の大きな特徴である．

*

　半順序集合は，全順序集合ほどかっちりしたものでないが，それだけ自由なおもしろさをもっている．半順序集合の性質に加えて，最大要素と最小要素が存在する場合，それを束（ラティス）とよぶ．束の性質をもつ対象は，コンピュータ周辺にもときどき現れている．たとえば，ディジタル論理回路の基礎となるブール代数はその例である．

*

　もうひとつ，関係と似ているが，写像について述べておく．写像はある集合の要素と別の集合の要素の対応関係を表す概念である．関数の定義域の集合から値域の集合への対応などが写像にあたる．一般に，$f, g, h \cdots$ とか $\phi\, \psi$ などの記号で写像を表すことが多い．

$$f : A \to B$$

このとき，A が定義域，B が値域，f が写像である．

＊

写像は，その性質に応じて分類できる（図 8.3）．

単射：A の異なる要素は B の異なる要素に対応する．（$a \ne b$ なら $f(a) \ne f(b)$ である）

全射：A の要素の中に B のどの要素にも少なくともひとつ対応するものがある．（これを，$f(A) = B$ と書く）

全単射：単射でありかつ全射でもある．すなわち，一対一対応している．

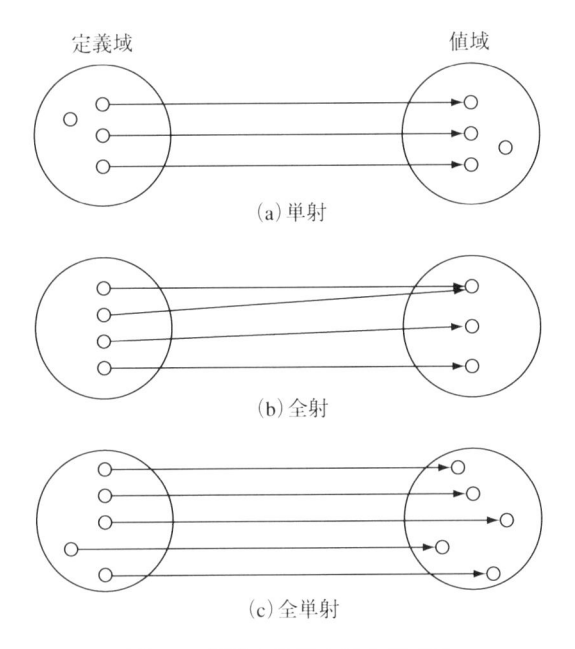

図 8.3　写像の性質を示す模式図

＊

こんどは日常生活の中で，単射や全射の例を探す．こうした例は，純粋に数学の世界の例に比べて，ときどきあいまいさや不正確さが気になることがある．概念の把握には具体的で便利であるが，厳密さの点では抽象的なもののほうがすっきりする．

(1) 定義域がユーザ名，値域がパスワードのとき，ユーザ名からパスワードへの写像は単射でも全射でもない．偶然に別人が同じパスワードを使っている可能性がある．

(2) 定義域がコンピュータシステムの登録済ユーザ名，値域がユーザの氏名のとき，ユーザ名からユーザの氏名への写像は全射である．ユーザの氏名には同姓同名の可能性があるが，登録済ユーザ名はそれを区別するように命名しておき，異なる人には（たとえ同姓同名であっても）異なるユーザ名を対応づけしている．

(3) 定義域が納税者，値域が使用中の納税者番号のとき，納税者から納税者番号への写像は単射である．アメリカでは納税者番号を social security number（SSN：社会保障番号）とよび，9桁の数である．ただし，何年もSSNを使わずにいると，別人に再割当てになるらしい．大学生のアルバイトでも収入金額によっては所得税の対象になるから，大学生は全員SSNをもっている．州立大学などには，SSNをそのまま学籍番号と兼ねてしまうところもある．

(4) 定義域が世帯，値域が世帯主のとき，世帯から世帯主への写像は全単射である．5年ごとの国勢調査は，世帯単位で世帯主から回答することで，国民すべてに抜け落ちや重複がないように調査している．1人の人が複数の世帯の世帯主だったり，世帯主がいない世帯があったりすると，国勢調査は不正確なものになる．

(5) 定義域が住民，値域が世帯のとき，住民から世帯への写像は全射である．どの世帯にも必ず何人かの住民が対応している．複数の住民が同じ世帯に対応することがあるから，単射ではない．住民が対応しない場合には世帯とは扱わない．

(6) 定義域が電話加入者，値域が電話番号のとき，電話の加入者から番号への写像は単射である．未使用の番号があるから全射ではない．（さきほどの例では，使用中の納税者番号と断って未使用のユーザ名を値域から除外していた．）

*

逆写像とは，定義域と値域を入れ換えたものである．f の逆写像を g とすれば次のような図になる．一般には f の逆写像は f の -1 乗（f の肩に -1 を書く）と記述する．

$$f : A \to B, \qquad g : B \to A$$

もし f が全単射なら，f の逆写像 $g(=f^{-1})$ も全単射になる．

*

逆写像の具体例をいくつかあげておく．
(1) 名前から生年月日への写像に対して，その逆写像は生年月日から名前を求めることである．「同じこの日に 生まれた人だあれ 地球の裏側で 誰かがハイって返事した」という歌詞のお誕生日の歌があった．もとの写像は全射であるが，逆写像は単射でも全射でもない．
(2) 名前から住所への写像に対して，その逆写像は住所から住民の名前を求めることである．名前から住所へは（住民登録している住所に限定し，別荘や別宅を除外すれば）一意的に決まる．この逆写像は，同居者がいれば複数の値になる．もとの写像は単射で，逆写像は単射でも全射でもない．誰も住民登録していない住所がありうる．別荘や別宅などの他，住民登録は実家（帰省先）の親元という大学生の現住所などもこの例になる．
(3) 納税者から納税者番号への写像に対して，その逆写像は納税者番号から納税者を求めることである．もとの写像が全単射だから，逆写像も全単射になる．

*

全単射の特別な場合として，置換がある．要素の並べ替えを意味する．たとえば，(a, b, c) の置換には次の 6 種類がある．

$(a, b, c) \to (a, b, c)$　　　$(a, b, c) \to (a, c, b)$　　　$(a, b, c) \to (b, a, c)$
$(a, b, c) \to (b, c, a)$　　　$(a, b, c) \to (c, a, b)$　　　$(a, b, c) \to (c, b, a)$

一般に m 個の要素の置換には $m!$ 通りの種類がある．

置換は，組合せを議論する際にしばしば現れる．組合せについては，すでに第 5 章で説明した．

*

写像は関数と似た概念であると述べた．ある集合 A から集合 $\{0, 1\}$ への写像について，A の部分集合 B を次のような写像（関数）で特徴づけることができる．

$$f(a) = \begin{cases} 1 : a \text{ が } B \text{ に含まれる場合} \\ 0 : a \text{ が } B \text{ に含まれない場合} \end{cases}$$

このような写像（関数）f のことを，部分集合 B の特徴関数（特性関数）とよぶ．これは，メンバーシップを識別するために使う．

*

こうした，同値関係，順序関係，写像などの概念は，ものごとを整理する際に便利である．特に，一般論で得た性質を，個々の具体例に適用できることが，こうした概念をとりあげる理由である．

● 参考文献
- 一松　信，竹之内　脩（編）：(改訂増補) 新数学事典，大阪書籍，1979/1991．
- 島内剛一，有澤　誠，野下浩平，浜田穂積，伏見正則(編)：アルゴリズム辞典，共立出版，1994．

9

代数構造

　ものごとを，データとそのデータに関する演算という形で捉えると便利なことがよくある．中でも，数をデータとした場合や，数を値としてもつ変数などが該当する．これを代数とよぶ．

*

　ふたつのデータ間の演算を二項演算という．数値データの四則演算（加減乗除）や文字列データの結合（concatenation）や，論理値データの論理和（OR）や論理積（AND）などがこれにあたる．

　これに対して，ひとつのデータに関する演算は単項演算である．数値データの符号反転（マイナス）や階乗演算，文字列演算の先頭文字取り出し，論理値データの否定（NOT）などがこれにあたる．

*

　個々の演算の中身によらず，演算全般についての性質を考えておくと，代数の世界全体を特徴づけできる．それには，いくつかの法則をもとにして，演算を分類してみるとよい．演算を表す記号を演算子という．

　演算子（オペレータ）を $\sharp$，被演算子（オペランド）を a, b, c としたときの，いくつかの性質をまとめておく．

　　〈1〉 $a \sharp a = a$　　　　　　　　同一法則（巾等法則）
　　〈2〉 $a \sharp b = b \sharp a$　　　　　　　　交換法則
　　〈3〉 $(a \sharp b) \sharp c = a \sharp (b \sharp c)$　　結合法則
　　〈4〉 $a \sharp c = b \sharp c$ ならば $a = b$　　右消去法則
　　〈5〉 $c \sharp a = c \sharp b$ ならば $a = b$　　左消去法則

*

具体的な例として，いろいろなデータと演算子について〈1〉〜〈5〉のどれを満たし，どれを満たさないかを調べてみるとよい．数値データだけでなく，論理値データ，文字データ，文字列データなどに関する演算まで含めて例題を探すと，〈1〉〜〈5〉のいろいろな組合せを思いつく．

(1) 整数の加算演算＋は，〈2〉〜〈5〉を満たす．
(2) 自然数の最小公倍数（lcd あるいは lcm）を求める演算は，〈1〉〜〈3〉を満たす．
(3) 文字列の結合演算（concatenation）は，〈3〉〜〈5〉を満たす．
(4) 論理値の論理和演算（OR）は，〈1〉〜〈3〉を満たす．
(5) 整数の減算−は，〈1〉〜〈3〉は満たさないが，〈4〉と〈5〉は満たす．
(6) 実数の余りを求める演算（mod あるいは rem）は，〈1〉〜〈5〉のどれも満たさない．

＊

日常的な世界でも，同様な演算を探すことができる．たとえば，クラスの人たちの名前で，名前の五十音順が先になるものを取り出す演算を考えてみると，〈1〉〜〈3〉を満たすことは明らかである．しかし〈4〉と〈5〉は満たさない．実は，この演算は自然数の最小値や最大値を求める演算と等価である．

別の例として，ふたつの文字列の両方に現われる文字を拾って順に並べる演算 c を考える．ただし順序が逆転して出てくる文字は拾わないことにする．文字列を [ ] で囲って示すと，次の例のようになる．

    [hikari] c [nozomi] = [i]   [asakaze] c [toki] = [ ]
    [azusa] c [asama] = [asa]   [tsubame] c [hato] = [t]
    [hinode] c [kibo] = [io]   [hato] c [tsubame] = [a]

この演算は，〈1〉と〈3〉は満たすが〈2〉は満たさない．〈4〉と〈5〉も満たさない．

＊

もうひとつ別の演算として，ふたつの多角形をできるだけ共通部分の面積が大きくなるように重ねる演算を考える．この演算が〈1〉〜〈3〉を満たすことは，少

し試行錯誤してみると分かる．しかし〈4〉と〈5〉を満たさないことは，反例を作って示すことができる．たとえば大きな正方形に小さな三角形のでっぱりをつけた図形と，同じ大きさの正方形に小さな五角形のでっぱりをつけた図形では，演算結果は大きな正方形に小さな三角形でも五角形でもない形がついているものになる（図 9.1）．

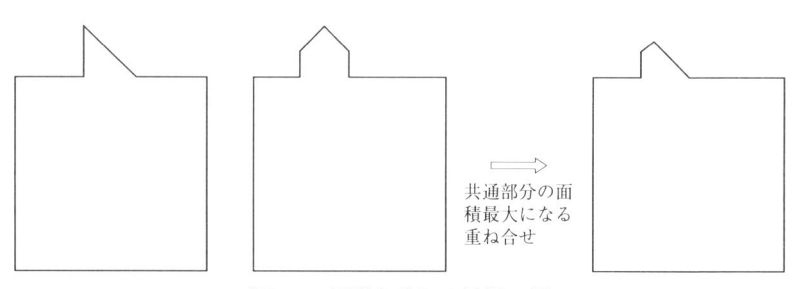

図 9.1 図形を重ねる演算の例

＊

ここまでにあげた〈1〉〜〈5〉に，もう少し性質を追加して，群論とよぶ世界を作ることができる．群論は，パターンの特徴づけに関する数学理論だと考えることができる．

ある集合に対して結合法則を満たす二項演算が定義されている場合，その集合を半群とよぶ．ここにあげた例 (1)〜(4) はすべて〈3〉の結合法則を満たしているから，半群である．しかし (5)〜(6) は〈3〉の結合法則を満たしていないから，半群ではない．半群とは，集合と演算の対に対する名称である．

＊

半群に対して，次の性質をもつ要素 e があれば，それぞれ左単位元，右単位元とよぶ．〈6〉と〈7〉を同時に満たせば，単位元とよぶ．

〈6〉すべての a に対して $e \# a = a$

〈7〉すべての a に対して $a \# e = a$

＊

左単位元（右単位元）に対して，次の性質をもつ要素 x が存在すれば，（a の）

左逆元（(a の）右逆元）とよぶ．⟨8⟩ と ⟨9⟩ を同時にもてば，（a の）逆元とよぶ．逆元が存在するときその要素は可逆だという．

⟨8⟩ $x \sharp a = e$

⟨9⟩ $a \sharp x = e$

*

半群ですべての要素が可逆なとき，群（group）とよぶ．すなわち，ある集合に二項演算が定義されていて，結合法則 ⟨3⟩ が成立し，単位元が存在し ⟨6⟩⟨7⟩，すべての要素に逆元が存在する ⟨8⟩⟨9⟩ 場合に，その集合と演算の対が群になる．

(1) 整数と加算演算は群になる．単位元は 0, a の逆元は $-a$．
(2) 0 を除く有理数と乗算演算は群になる．単位元は 1, a の逆元は $1/a$．
(3) 正方形を 90 度の倍数だけ回転する演算は群になる．単位元は 90 度の 0 倍回転（すなわち何もしない），a 倍回転の逆元は反対方向へ a 倍回転．
他にも，正 6 角形を 60 度の倍数だけ回転する演算や，正 3 角形を 120 度の倍数だけ回転する演算をはじめ，正 N 角形を $360/N$ 度の倍数だけ回転する演算は，すべて群になる．

*

ふたつの演算 ♯ と \$ とがあるとき，次の性質の有無は重要である．

⟨10⟩ $a \sharp (b \$ c) = (a \sharp b) \$ (a \sharp c)$ 分配法則

たとえば ⟨10⟩ で ♯ に ×，\$ に ＋ をあてはめると，分配法則が成立する．しかし逆に ♯ に ＋，\$ に × をあてはめると，分配法則は成立しない．

*

分配法則が成立するような複数の演算を含んだものを環（ring）とよぶ．さらに可逆であって四則演算ができるようなものを体（field）とよぶ．ここでの環や体の定義は厳密ではなく，詳しくは代数学の参考書を見ていただきたい．

*

群は，対称性のパターンを体系だてて整理するときに便利である．群にはいくつかの種類がある．特にデータ要素が有限個の場合を有限群とよぶ．代表的な有限群のいくつかについて，次に並べておく．

(1) 巡回群 $C(k)$：正 k 角形の $360/k$ 度の倍数の回転を要素とする．演算は回

転の積．

$C(3)$ は 120 度の倍数の回転を表す．0 倍を e, 1 倍を a, 2 倍を aa とする．

$$C(3) = \{e, a, aa\}$$

単位元は e, e の逆元は e, a の逆元は aa．

$C(4)$ は 90 度の倍数の回転を表す．0 倍を e, 1 倍を a, 2 倍を aa, 3 倍を aaa とする．

$$C(4) = \{e, a, aa, aaa\}$$

単位元は e, e の逆元は e, a の逆元は aaa, aa の逆元は aa．

$C(5)$ は 72 度の倍数の回転を表す．0 倍を e, 1 倍を a, 2 倍を aa, 3 倍を aaa, 4 倍を $aaaa$ とする．

$$C(5) = \{e, a, aa, aaa, aaaa\}$$

単位元は e, e の逆元は e, a の逆元は $aaaa$, aa の逆元は aaa．

$C(k)$ の性質は k が素数か合成数かで，少し異なる．

(2) 置換群 $P(k)$：k 個の要素の $k!$ 通りの置換の集合，演算は置換の積．

(2 3 1) は $1 \to 2, 2 \to 3, 3 \to 1$ と置換えることを表している．

(2 3 1)×(3 1 2)=(1 2 3), (2 3 1)×(2 3 1)=(3 1 2) などが置換の積．

$$P(3) = \{(1\,2\,3), (1\,3\,2), (2\,1\,3), (2\,3\,1), (3\,1\,2), (3\,2\,1)\}$$

単位元は (1 2 3), (1 3 2) の逆元は (1 3 2), (2 3 1) の逆元は (3 1 2)．

$P(3)$ と $C(6)$ とは同じものではない．

置換は，2 要素だけの入れ替え（互換）の集まりで表すことができる．

$$(2\,3\,1) = \langle 1\,2 \rangle \langle 2\,3 \rangle, \quad (1\,3\,2) = \langle 2\,3 \rangle$$

(3) 交代群 $A(k)$：k 個の要素の $k!$ 通りの置換の中で，偶数個の互換の積で表すことができるもの $k!/2$ 通りの集合，演算は置換の積．ここで 0 は偶数であることに注意．

$A(3)$ は $\{(1\,2\,3), (2\,3\,1)=\langle 1\,2\rangle\langle 2\,3\rangle, (3\,1\,2)=\langle 1\,3\rangle\langle 2\,3\rangle\}$

$P(3)$ から (1 3 2) (2 1 3) (3 2 1) を除いたもの．

なお，k 個の要素の $k!$ 通りの置換の中で，奇数個の互換の積で表すことができるもの $k!/2$ 通りの集合（さきほどの残りの部分）は，群にならないこ

とにも注意．
(4) 二面体群 $D(k)$：正 N 角形の 360/N 度の倍数の回転に鏡像を加えたもの
$D(3)$ は正 3 角形の 120 度の倍数の回転と鏡像を含めた 6 個の要素
$$D(3) = \{e, a, aa, b, ba, baa\}$$
a が 120 度の回転，b が鏡像を表す．
$D(4)$ は正方形の 90 度の倍数の回転と鏡像を含めた 8 個の要素
$$D(4) = \{e, a, aa, aaa, b, ba, baa, baaa\}$$
$D(3)$ と $P(3)$ は同じものである．すなわち，3 個の置換 6 種類は正 6 角形の 120 度の倍数の回転および鏡像と同じになる．
$$C(6) = \{e, a, aa, b, ba, baa\}$$
(5) その他，四元群 $Q(k)$，複数の群の合成 $S(k \times h)$ など．

＊

有限群を，要素数が 2, 3, 4 ⋯ について，要素の分布に応じて並べてみると表 9.1 のようになる．要素の分布とは，ある要素を何回連続して自分自身に演算を施す

表 9.1 要素数の小さい群の一覧表

要素数	群	要素の分布 1 2 3 4 5 6 7 8 9	
2	$C(2)$	1 1	←1 乗で e に戻る要素 1 個，
3	$C(3) = A(3)$	1 0 2	2 乗して戻る要素 1 個
4	$C(4)$	1 1 0 2	
	$S(2 \times 2)$	1 3	
5	$C(5)$	1 0 0 0 4	
6	$C(6) = S(3 \times 2)$	1 1 2 0 0 2	
	$P(3) = D(3)$	1 3 2	
7	$C(7)$	1 0 0 0 0 0 6	
8	$C(8)$	1 1 0 2 0 0 0 4	
	$S(2 \times 2 \times 2)$	1 7	
	$S(4 \times 2)$	1 3 0 4	
	$D(4)$	1 5 0 2	
	$Q(4)$	1 1 0 6	
9	$C(9)$	1 0 2 0 0 0 0 0 6	
	$S(3 \times 3)$	1 0 8	←1 乗で e に戻る要素 1 個，
10	$C(10)$	1 1 0 0 4 0 0 0 0 4	3 乗して戻る要素 8 個
	$D(5)$	1 5 0 0 4	

と単位元になるか，という回数に応じて分類している．すなわち，$a=e$（1 乗が e）なら 1，$aa=e$（2 乗が e）なら 2，$aaa=e$（3 乗が e）なら 3 とという数を用いて，その性質をもつ要素が何個あるかを要素の分布としている．

＊

ここで家紋の話にふれよう．群論では必ずといってよいほど出てくる話題である．家紋の図柄に，種々の対称性があることから，家紋と群論の縁は深い．

紋章は西洋にもある．楯の形の中に獅子だの鷲だの剣などの文様を組み合わせた図形が描いてある．東洋でも，旗の色や縁取りなどで種族を表したりした．他にもこうした例はいろいろある．

日本の家紋というのは独特な模様である．その多様性から，個々の家のルーツ探しにも役立つ．たとえば島津家は「○に十の字」とか武田家は「武田菱」など特に有名なものもある．徳川家の「葵」と前田家の「梅」については，「天下葵よ加賀様梅よ　梅は葵の高に咲く」という歌があったとか．ちょっと負け犬の遠吠えの気がしないでもない．そして天皇家は「菊」と植物が並ぶ．しかし紋帳を調べると，幾何図形もあれば人工物もあり，同じ図形をもとにしていてもいくつか変種があって，興味深い．群論に出てくる図形パターンの対称性を家紋について調べてみても，おもしろい．

＊

ミステリー作家で直木賞作家の泡坂妻夫は，本名厚川昌男のアナグラム（文字の並べ替え：あつかわまさお → あわさかつまお）の名前である．「三田評論」の座談会にお招きしたとき交換した名刺には「紋章上絵師　厚川昌男」と「著述業　泡坂妻夫」とを並べて書いてある．彼のミステリーの中に紋章を扱ったものが多い理由も，本業だからである．家紋に関する豊かな知識に裏づけされた味わい深いミステリー作品は，泡坂妻夫独自の世界である．

ついでながら，私もペンネイムを作るときには，泡坂妻夫に倣って本名のアナグラムにしたのだが，コンピュータサイエンス誌 *bit* で使ったら，たちまち見破られてしまった．それでも懲りずにその名前でショートショートをいくつか発表している．

●参考文献
- 一松 信，竹之内 脩（編）：(改訂増補) 新数学事典，大阪書籍，1979/1991．
- 島内剛一，有澤 誠，野下浩平，浜田穂積，伏見正則（編）：アルゴリズム辞典，共立出版，1994．
- 数学セミナー編集部（編）：数学100の問題，日本評論社，1999．
- 泡坂妻夫：家紋の話，新潮社，1997．

10

関　　数

　数学が分からなくなる関門のひとつが，関数である．しかし実際には，数学とは無縁の日常生活にも，関数はしばしば現れている．まず例をひとつあげよう．健康的な身長と体重のバランスを表す関係式として，以前は次のように言っていた．

　　　　　　　体重＝身長－110　　（1次式：体重は kg，身長は cm）

したがって，身長 165 cm の私は体重 55 kg が適正となり，幸いにほぼそうなっている．身長 170 cm なら体重 60 kg，身長 175 cm なら体重 65 kg，身長 180 cm なら体重 70 kg となって，身長が高くなっても体重は少な目に出る．逆に，身長 160 cm で体重 50 kg，身長 155 cm で体重 45 kg と，このあたりは適切な値になる．しかし身長 110 cm のこどもの体重が 0 kg でよいわけもない．この関係式が使えるのは，せいぜい身長 150〜170 cm あたりに限る．

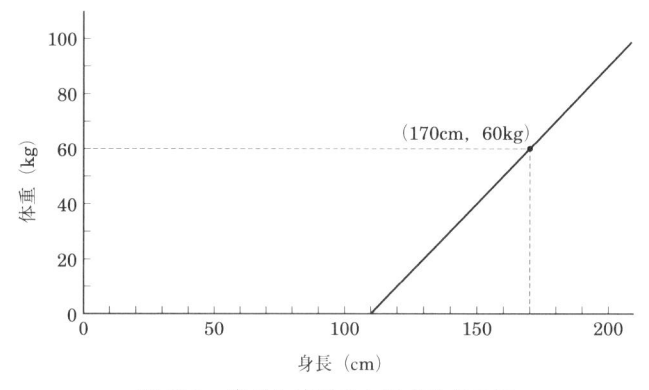

図 10.1　身長と体重の 1 次式のグラフ

この関係式は，横軸に体重，縦軸に身長のグラフを描くと直線になる．これを1次式という．1次式の関係は，単純な点が大きなメリットであるが，かなりおおざっぱな点がデメリットになる．

　いつだったか，大学入試センター試験の理科で，物理や化学に比べて生物の得点が低すぎたため，補正をすることになった．その際に1次式で補正して，一律に得点の上積みをしたため，もともと0点でも30点くらいの得点になるという珍現象を生じてしまった．

＊

　最近は，身長と体重のバランスの式は，次のBMIを使うことが増えた．（でもBMIって何の頭文字なんだろうか．）

$$\mathrm{BMI} = \frac{体重}{身長 \times 身長}$$ 　（BMI＝22が適正：体重はkg，身長はm）

こんどは，2次式になっている．体重＝22×身長×身長である．私の身長1.65 mについて計算すると体重の適性値は59.895 kgとなり，さきほどより5 kg近く増えている．1.7 mでは63.58 kg，1.75 mでは67.375 kgである．また1.6 mでは56.32 kg，1.55 mで52.855 kgである．さきほどの1次式で扱えなかった身長1.1 mのこどもで体重が26.62 kgとなり，少なくともこの式のほうがまともな数値になっている．

　最近の栄養状態のよい人たちの身長と体重のバランスを反映して，同じ身長に対してBMIのほうが，体重がやや多めに出ているが，それよりも1次式と2次式の差異による「おおざっぱさ」の程度の違いが大きい．

　ついでながら，BMIの値は25を越えると肥満，20に達しないと痩せすぎという目安になるそうである．最近テレビに出てくる若い女性のタレントの中には，このBMIを計算すれば痩せすぎになりそうな人を多く見受けるのも，世紀末というひとつの時代の特徴かもしれない．

＊

　このふたつのグラフを描いて比較してみると，両者の差異がより明確になる．交差する点は，最初の式の単位をcmからmに変えて単位を揃え，

$$体重 = 100 \times (身長 - 1.1)$$

としておく．体重を身長で表した式を等しいと置いて方程式をたてて，その根を求めれば，ふたつのグラフの交点が求まる．

$$100 \times (身長 - 1.1) = 22 \times 身長 \times 身長$$

これは 2 次方程式である．身長を x という変数で表せば，次のような 2 次方程式になる．

$$22x^2 - 100x + 110 = 0$$

2 次方程式の根の公式を使うと，次のように根が求まる．

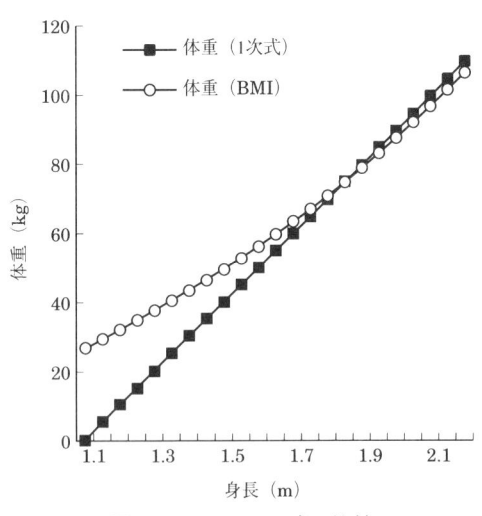

$$\begin{aligned}
x &= (100 \pm \sqrt{(10000 - 4 \times 22 \times 110)})/(2 \times 22) \\
&= (100 \pm \sqrt{(320)})/44 \\
&= (100 \pm \sqrt{(64 \times 5)})/44 \\
&= (100 \pm 8 \times \sqrt{5})/44 \\
&= (25 \pm 2 \times \sqrt{5})/11 \\
&\fallingdotseq (25 \pm 2 \times 2.236)/11 \\
&= (25 \pm 4.472)/11 \\
&\fallingdotseq 2.68 \quad および \quad 1.87
\end{aligned}$$

図 10.2 ふたつの式の比較

したがって，元横綱曙クラスの身長2m前後ではBMIのほうが体重が少なく出るが，おおかたの1.87m未満の人ではBMIのほうが体重が多めに出ることになる．

なお，こうした数値計算の際は，途中を省略せずにていねいに書いていくことが計算のコツである．途中で計算違いをしても，順に調べていけばどこまでが正しく，どこで誤ったかが分かりやすい．途中を暗算して手間を省いたつもりでいると，かえって手数がかかることがよくある．

＊

日常生活では，2次式をそのまま使うと計算がややこしくなるという理由で，2次以上の曲線を折線で近似することが多い．たとえば累進所得税率の計算などはそうなっている．1999年度（平成11年度）所得税確定申告の手引きを見ると，表10.1のような表が出ている．念のために書き添えると，1999年度分の確定申告は2000年2月半ばから3月半ばに行うものである．

表 10.1　1999 年度分所得税の税額表
[求める税額＝A×B－C]

課税される所得金額（A）	税率（B）	控除額（C）
1,000 ～ 3,299,000 円	10 %	0 円
3,300,000 ～ 8,999,000 円	20 %	330,000 円
9,000,000 ～ 17,999,000 円	30 %	1,230,000 円
18,000,000 円以上	37 %	2,490,000 円

表 10.2　1998 年度分所得税の税額表

課税される所得金額（A）	税率（B）	控除額（C）
1,000 ～ 3,299,000 円	10 %	0 円
3,300,000 ～ 8,999,000 円	20 %	330,000 円
9,000,000 ～ 17,999,000 円	30 %	1,230,000 円
18,000,000 ～ 29,999,000 円	40 %	3,030,000 円
30,000,000 円以上	50 %	6,030,000 円

税額の求め方：　「課税される所得金額」をこの表の「課税される所得金額」欄に当てはめ，その当てはまる行の右側の「税率」を「課税される所得金額」に掛けて一応の金額を求め，次に，その金額からその行の右端の「控除額」を差し引いた残りの金額が求める税額です．

実は所得税率は1999年度分から改定になった．参考までに1998年度の表もあげておく．こちらは表10.2のように書いてあった．

ふたつの表を比べてみると，1999年度分から，高額所得者の税率が軽減されていることが分かる．私には無縁だから，講義ノート作成のために調べて初めて知った．また，計算手順の説明も，1999年度分から数式を用いてすっきりした．

この折線方式も，グラフに図示するとはっきりする(図10.3, 10.4)．横軸に所得金額をとり，縦軸に税額をとると，税率が10％，20％，30％，37％の4本の直線が書ける．それぞれの交点で作った折線が実際の税額になる．そこでたとえば税率20％の人でも，330万円以下の部分だけは税率10％だから，まず20％で計算した後でその分の33万円を控除する．税率30％の人なら，900万円以下の分は，330万円以下が10％で330～900万円の部分が20％だから，まず全体を30％で計算した後で123万円を控除する．

実質的には1次式でなくても，計算は1次式でできるように，こうした折線を使っている．

実は所得税の計算マニュアルには，私のような給与所得者むけの速算表という

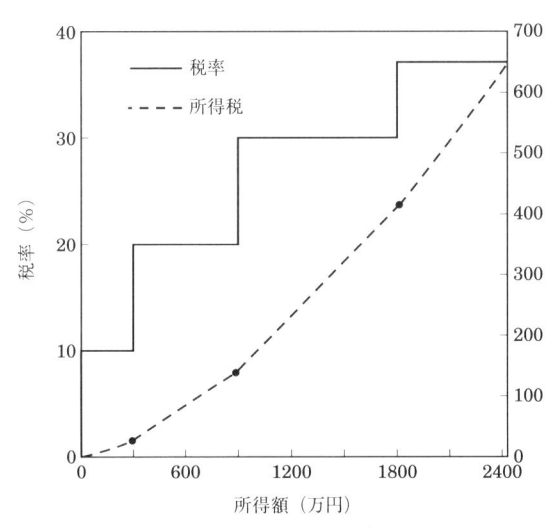

図 10.3　1999年度分所得税額のグラフ

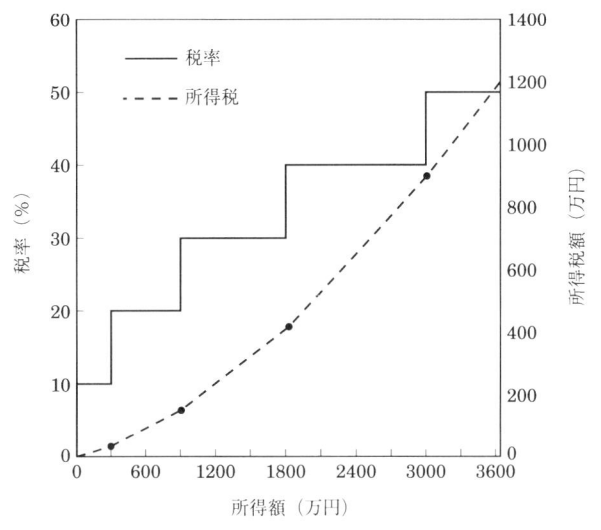

図 10.4　1998 年度分所得税額のグラフ

ものが出ている．自営業だと必要経費などを個別申告するらしいが，給与所得の場合には「給与等の収入金額の合計額」に対して「給与所得金額」を計算する式が用意してある．それは 1998 年度までは 8 ページにわたって所得額の少ない場合の細かい表があげてあって，最後に表 10.3 のような表があった．

表 10.3　1998 年度の給与所得金額の計算式

給与等の収入金額の合計額	割合	控除額
6,600,000 〜 9,999,999 円	90 %	1,200,000 円
10,000,000 円以上	95 %	1,700,000 円

しかし 1999 年度分は，表 10.4 のように全体をひとつの計算表にまとめて，昨年よりも短い記述にしてある．

*

関数は，ある集合から数の集合への写像だと定義しており，定義域の集合の要素を変数，対応する値を関数値と呼んでいる．記号は $x \to f(x)$ を使う．このとき $f(x)$ が x の 1 次式なら 1 次関数，2 次式なら 2 次関数，一般に多項式なら有理整関数，分数式（多項式の商）なら有理関数とよぶ．累乗根を含む式の場合が無理

表 10.4　1999 年度の給与所得金額の計算式

給与等の収入金額の合計額	給与所得の金額
～　　650,999 円	0 円
651,000 ～ 1,618,999 円	給与等の収入金額の合計額から 650,000 円を控除した金額
1,619,000 ～ 1,619,999 円	969,000 円
1,620,000 ～ 1,621,999 円	970,000 円
1,622,000 ～ 1,623,999 円	972,000 円
1,624,000 ～ 1,627,999 円	974,000 円
1,628,000 ～ 1,799,999 円	給与等の収入金額の合計額を 4 で割って千円未満の端数を切り捨てて算出した金額を A とする A×4×60 % で求めた金額
1,800,000 ～ 3,599,999 円	A×4×70 %－180,000 円で求めた金額
3,600,000 ～ 6,599,999 円	A×4×80 %－540,000 円で求めた金額
6,600,000 ～ 9,999,999 円	収入金額×90 %－1,200,000 円で求めた金額
10,000,000 円以上	収入金額×95 %－1,700,000 円で求めた金額

関数，指数式の場合が指数関数，対数式の場合が対数関数，sin や cos などを含む場合を三角関数，sinh や cosh などを含む場合を双曲線関数などと呼ぶ．

実は，定義域を実数から複素数に拡大すると，三角関数や双曲線関数は指数関数に含まれてしまう．また，ここまでに出てきた関数の組合せの形を初等関数とよぶことも多い．初等関数のほかには，楕円関数，ガンマ関数，ベッセル関数をはじめ，種々の特殊関数がある．

*

関数は，横軸に変数，縦軸に関数値をとったグラフに描くと直感的に理解しやすい．コンピュータでそうしたグラフを描く道具として，*Mathematica* などの数学ソフトがある．

グラフの縦軸と横軸を逆に入れ換えると，逆関数になる．すなわち，$y=f(x)$ のグラフを逆にすると $x=g(y)$ になるとき，g を f の逆関数と呼ぶ．f^{-1} と書くこともある．

複数の関数を重ねることで合成関数ができる．たとえば，$y=f(x)$，$z=g(y)$ のとき $z=g(f(x))=h(x)$ であり，h を f と g の合成関数と呼ぶ．

関数 f が $f(-x)=-f(x)$ を満たすときに奇関数，$f(-x)=f(x)$ を満たすと

き偶関数とよぶこともある．

関数 $y=f(x)$ が $x_1<x_2$ に対して常に $f(x_1)\leq f(x_2)$ を満たすとき増加関数，常に $f(x_1)<f(x_2)$ を満たすとき単調増加関数とよぶ．同様に減少関数や単調減少関数も定義できる．

*

数学では，関数と改まってしまうと，かなり高度な概念になる．手元にある『(改訂増補) 新数学辞典』でも，Ⅰ数学の基礎，Ⅱ代数学，Ⅲ幾何学，ときて4番目のⅣ解析学の冒頭になって初めて関数が出てくる．ちなみにその後は，Ⅴ確率・統計，Ⅵ応用数学，Ⅶ数学特論，という構成である．しかし，因果関係を数式で記述したものという意味では，もっと親しみやすい対象である．日常生活の中でもさまざまな形で現れる．そうした関数の例を探して，グラフに記述してみることを勧めたい．いくつかの例を並べておく．

(1) 米国の平均株価 x に対して，半日遅れの日本の平均株価を y とする．米国がくしゃみをすると日本は風邪をひき，米国が風邪をひくと日本は肺炎になると言われるほど，日本経済は米国経済に依存しているのが事実かどうか，両国の株価の因果関係をグラフにしてみるとおもしろい．

(2) 前項では単に x と y の対応をプロットするグラフを想定していたが，時系列に沿った変化をグラフに描くと，さらに傾向が見やすくなる．その場合は，横軸には日付 t をとり，縦軸に日米それぞれの平均株価を折線でプロットする．どの程度の相関があるかは，統計手法を用いて計算する．しかし，ひとつの相関係数という数値だけで見るのでなく，時系列に沿った変化をグラフで見ることのほうが，全体の傾向を的確に把握することができる．

(3) 新聞やテレビでは，株価のニュースとともに外国為替も報道している．円 vs 米ドルと円 vs ユーロについて，やはり時系列に沿って折線でプロットする．対米ドルの円高/円安と対ユーロの円高/円安の関連をグラフで見ることができる．ここでも，グラフ上で変化を見ることが重要である．

*

ここにあげた時系列の変化のグラフで相関を見る場合，それぞれの日に何か大

きなニュースがある場合は，それを付記するとよい．たとえば，イスラエルとパレスティナで紛争が勃発した日や，OPECが原油価格値上げを発表した日などは，その直後あるいは数日後に，その影響を示す変化がグラフに現れる．

最後のほうに並べた関数の例は，新聞の経済欄で扱う話題だったが，選挙など政治欄の話題や，公害など社会欄の話題にも，関数の例をいくつも見つけることができる．そうした例を通して，関数を考えてみることを勧めたい．

● 参考文献
- 一松 信，竹之内 脩（編）：(改訂増補) 新数学事典，大阪書籍，1979/1991．
- 島内剛一，有澤 誠，野下浩平，浜田穂積，伏見正則（編）：アルゴリズム辞典，共立出版，1994．
- 平成10年分所得税の確定申告の手引き，税務署，1999．
- 平成11年分所得税の確定申告の手引き（一般用），税務署，2000．

11
グラフ理論

　情報数学の世界でグラフ（graph）というと，2種類の異なる意味がある．ひとつは，小学校以来の，円グラフ，棒グラフ，折線グラフなど，数値データを見やすい図で示したものである（図 11.1）．他にもレーダーチャートのようなグラフもある．さらに，中学校や高等学校の数学では，関数のグラフも出てくる（図 11.2）．やはり，独立変数と従属変数の対応を関数として表現したとき，その対応を見やすく図示したものである．

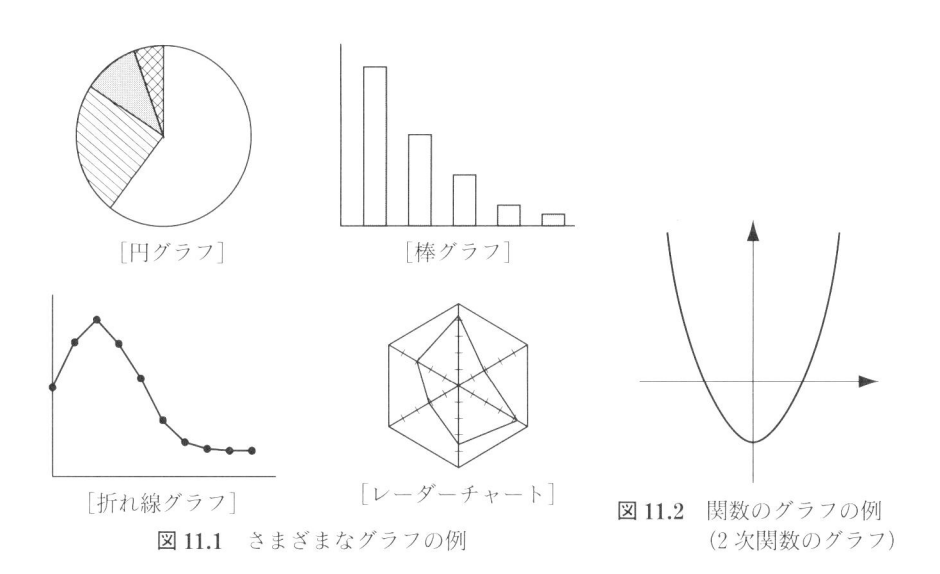

［円グラフ］　［棒グラフ］

［折れ線グラフ］　［レーダーチャート］

図 11.1　さまざまなグラフの例

図 11.2　関数のグラフの例（2 次関数のグラフ）

　このような，データの可視化をする道具としてのグラフは，たとえば Excel などのデータ分析ソフトを用いて，自動的に描画することができる．もともと 2 次

元の表示画面であるが，鳥瞰図のような図にすることで疑似的に3次元のグラフを描くことができる．さらに，彩色を工夫することで，もう1次元を追加できる．たとえば，虹のように色の順序を変えていくことで，小さい値は赤，少しずつ大きくなるにつれて橙，黄，緑と色を変え，大きい値は青，そして紫のように色によって値を示すことができる．最近はカラーディスプレーやカラープリンターも入手しやすくなり，色情報の活用でデータの可視化の次元を広げることへの障害がなくなった．

*

情報数学でもうひとつのグラフは，抽象グラフとよぶものである．点と線の集まりで作った抽象図形で，さまざまなモデルの記述に用いる．組合せ理論の中に，グラフ理論という分野として独立した世界ができている．グラフ理論では，研究者によって用語や記法が不統一であり，初心者がしばしば戸惑うことがある．たとえば，点のことを頂点（vertex）とよぶこともあれば節点（node）とよぶこともある．線のほうも，エッジ（edge），弧（arc），枝（branch）など，いくつかの用語が入り混じっている．しかも，矢印のついた線のことだけを枝とよぶ人がいるなど，細かい定義が人により，本によってまちまちである．ここでは，比較的よく見かける用語を使うように努めたい．

*

グラフは節点と枝で構成した抽象図である．節点が何か「もの」を表し，枝が節点間の「関係」を表すことが多い．枝に向きがある場合を有向グラフ，向きがない場合を無向グラフとよんで区別することもある．有向グラフでは，枝を矢印で表し，無向グラフでは枝を普通の線で表す．矢印や線は直線のこともあり，曲線を使うこともある．

多くの場合，矢印は時間的な推移や空間的順序を示す．しかし，グラフを描くときに，左から右あるいは上から下に，暗黙的に順序づけを含めている場合もある．そうした場合には，特に矢印を用いなくても，時間や空間の推移や順序を表現できる．

*

グラフのひとつの例は，都市を結ぶ交通網である．対象としている地域の都市

を節点で表す．また，ある都市と別の都市を直接結ぶ交通路があるとき，対応するふたつの節点を枝で結ぶ．交通路としては，鉄道のこともあり，自動車専用道路のこともあり，航空路や船の航路のこともある．あるいは，徒歩旅行を前提とすれば，歩行者が使える道路でもよい．多くの場合，交通路は両方向に使えるから，無向グラフに描くことができる．しかし，一部に一方通行の交通路が存在するような場合は，全体を有向グラフに描く必要がある．

このような交通網のグラフでは，それぞれの枝に距離または所要時間に対応する数値の重みを付記すると便利である．ある都市から別の都市へ移動するとき，どれだけの距離があるか，あるいはどれだけ時間がかかるかを一目で見渡すことができる．このようなグラフを使って，直接には交通路がない都市間の最短経路を求めることができる．ある都市から別の都市へ，いくつかの中継地を経て達するとき，どの経路をたどれば最短距離（あるいは最短所要時間）かを，グラフ上で計算する問題である．これは，ダイクストラ（E. W. Dijkstra）による最短経路発見アルゴリズムとして，多くのアルゴリズム入門書に出ている．枝につけた重みが正数（非負数）であれば，ダイクストラのアルゴリズムが使える．

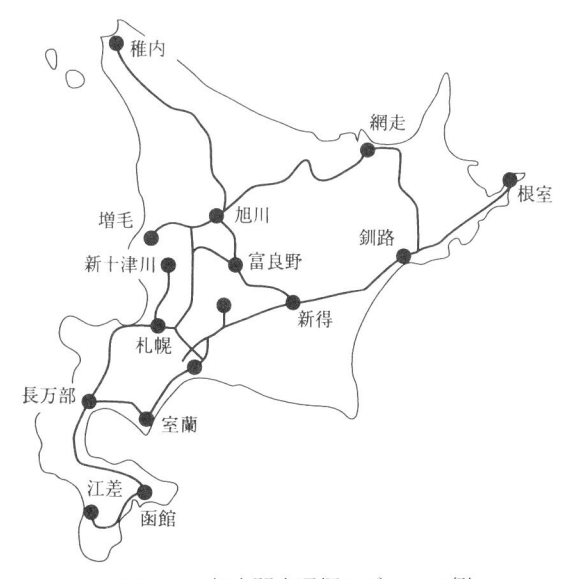

図 11.3　都市間交通網のグラフの例

最短経路問題が解をもつためには，ある節点から別の節点まで，中継となる節点を通る経路が存在する必要がある．グラフの節点が離れ離れになっていて，孤立した節点が存在する場合には，最短経路どころか経路自体が存在しない．節点と節点の対すべてについて，それを結ぶ経路が存在するときに，グラフは連結だという．あるグラフが連結かどうか調べるアルゴリズムも，グラフを扱う基本になる．

*

グラフをコンピュータ上で扱うとき，図形をそのまま図形としてデータに表すこともできる．しかし，もっと単純なデータ構造に表現しておくほうが，計算が楽になる．グラフの連結性を調べる場合には，節点接続行列という行列に表現すると便利である．グラフに N 個の節点があるとき，N 行 N 列の行列（2次元配列）S を用意する．それぞれの節点は，添字番号で $1, 2, 3, \cdots, N$ と識別する．もし節点 j と節点 k を直接結ぶ枝があれば $S[j][k]=1$ とする．そうした枝がなければ $S[j][k]=0$ とする．この行列で，グラフの接続関係をすべて記述できる．枝に距離や所要時間などを示す重みがある場合は，1の代わりにその重みを値にとることが自然である．ここでは簡単のために0と1だけで話を進める．

このとき，行列 S と自分自身 S との行列積を作ると，S^2 に相当する $N \times N$ の新しい行列ができる．この S^2 は，ある節点から直接に，または1ヶ所中継節点を経てつながっている場合に1，そうでない場合に0の値をとる．ただし，行列の積の演算は次のようになる．ここで $\sum$ は $1+1=1$ のように1以上はすべて1と計算する．

$$S^2[j][k] = \sum_i (S[j][i] \times S[i][k])$$

同様に，S^2 と S との行列積 S^3 を作ると，中継節点2個以内でつながっているかどうかで1と0の値になる．以下同様で，$S^{(N-1)}$ まで作ってやると，中継節点数 $(N-2)$ でつながっているかどうかが分かる．全部で N 個の節点しかないから，ある節点と別の節点を結ぶ中継点の数は，最大でも $(N-2)$ であり，ここまでで $S^{(N-2)}$ に0の値が残っていたら，その値の行添字と列添字に対応する節点間には経路がないことが分かる．したがってグラフは連結でない．$S^{(N-2)}$ のすべての要素が1になっていれば，グラフは連結である．

＊

　さきほど簡単のために，接続行列の値を 0 と 1 に限って，行列積の計算でグラフの連結性を調べることにした．もし行列の要素を，正数の重みを値とするなら，さきの行列積の計算を一部変更することで，最短経路が求まる．行列積の × の代わりに通常の和，Σ の代わりに最小値をとる演算にすればよい．この方法は，35 年前に筆者が大学生のとき，伊理正夫先生の演習問題に出てきて，エレガントな解だと感心した記憶がある．

　　　　　　　　　　　　　＊

　連結なグラフの性質の中で，代表的なふたつの問題がある，それはオイラー（Euler）グラフ，およびハミルトン（Hamilton）グラフいう名前がついている．あるグラフがオイラーグラフであることは，一筆書きで描画できることを意味する．ある節点から始めて，すべての枝を一度ずつ通る経路があるグラフをオイラーグラフとよぶ．これは，ケーニヒスブルグの町にブレーゲル川が流れており，7 個の橋がかかっている（図 11.4）．この 7 個の橋をちょうど 1 度ずつ通るような経路の有無を判断するパズルの問題として有名になり，オイラーがその解を示したことから，抽象グラフ理論の研究が本格化したという逸話がある．また，すべての枝を通るという条件を，すべての節点を通り，同じ枝はたかだか 1 度しか通らない経路（まったく通らない枝があってもよい）があるグラフを，ハミルトングラフとよぶ．

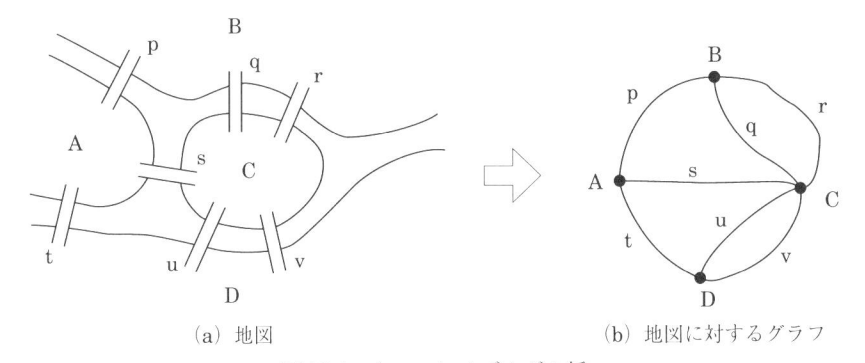

(a) 地図　　　　　　　　(b) 地図に対するグラフ

図 11.4　ケーニヒスブルグの橋

　　　　　　　　　　　　　　＊

　オイラーグラフかどうかの判定は，それぞれの節点に何本の枝があるかを数える．その値の全部が偶数なら，どの節点から始めても一筆書きができる．その値が奇数の節点が2個だけで，残りが偶数であれば，値が奇数の節点の一方を開始点，他方を終着点とすれば，一筆書きができる．しかし値が奇数の節点が4個以上ある場合には，一筆書きはできない．さきにあげたケーニヒスブルグのグラフでは，一筆書きができないことが分かる．

　このように，何かが不可能であることから，学問が進歩することがよくある．もし一筆書きが可能だったら，こうした性質に注目する人は少なかったかもしれない．不可能あるいはきわめて困難な場合に，挑戦者たちが現れ，理論を形成していく．同様な例としては，円と同じ面積をもつ正方形を探すこと，任意の角を定規とコンパスだけを用いて3等分することなどが，挑戦的な（解が存在しない）問題として，数学に興味を惹きつけるきっかけになった．

　　　　　　　　　　　　　　＊

　ハミルトングラフの判定のほうは，オイラーグラフほどきれいな形の解はない．正12面体の辺（あるいは双対図形である正20面体の辺でも同じ）を枝とし，20個の頂点を節点とするグラフ（正20面体なら面を節点とすれば同じ）についてハミルトンが論じたことがこのパズルの始まりである．節点が20個，枝が30本のグラフであることから，手作業で調べるにはちょうど手ごろな規模だったのであろう．私は，4次元超立体をワイヤーフレームで表したグラフのハミルトン経路の性質によって，対称性の有無など独立なものの数を調べたことがある．

　代表的な組合せ問題のひとつに，巡回セールスマン問題がある．すべての町をひと回りして出発点に戻る経路の中で，最も距離または所要時間の値が小さいものを見つける問題である．これはハミルトン経路の中で枝に添えた重みの値の合計を小さくする問題になっている．

　　　　　　　　　　　　　　＊

　現実問題として，集積回路（IC）の配線をする際など，工作機械のロボットアームの移動距離をできるだけ短くするために，オイラー経路や最短経路，場合によってはハミルトン経路などの性質を利用することがある．パズルだと思ってい

た問題が，少し手直しして実用になることがあるのも，グラフ理論の楽しさのひとつである．

*

グラフに関する話題で有名なもののひとつが 4 色問題である．もともとは，地図の領域を，辺で接する領域には異なる色を割り当てるという条件で，なるべく少ない色で塗り分ける問題であった（図 11.5 参照）．しかし地図の領域を節点に対応させ，領域が辺で接する場合に対応する節点同士を枝で結んでグラフを描くと，そのグラフの節点に，枝で結ばれた節点同士が異なる色になるように彩色する問題になる．通常は，こちらの節点に色を塗る形で 4 色問題を論じることが多い．

経験的に，グラフの彩色には 4 色が必要であり，また 4 色あれば十分であることが知られていた．しかし，この事実を数学的に証明することができず，4 色問題として有名になった．特にケンペ（A. B. Kempe, 1849–1922）が提起した証明に誤りがあることが判明して，この問題がきわめて難しいことを数学者たちが認識した．

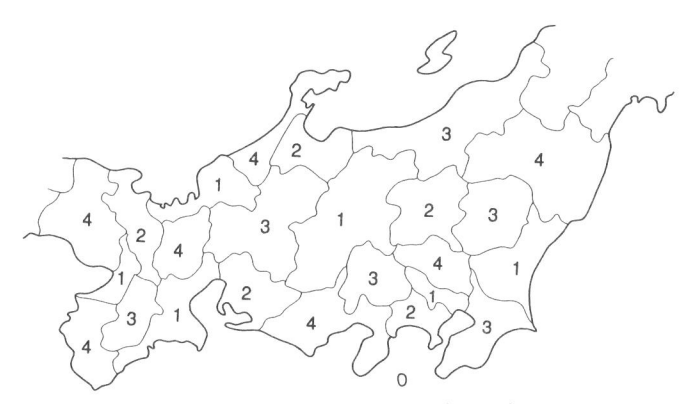

図 11.5 4 色で地図を彩色する例

不思議なことに，もし地図をトーラス（ドーナツ状の曲面）上に描いた場合は，彩色に必要十分な色数は 7 であることを，比較的容易に証明できる．トーラスは長方形の右端と左端を接着し，上端と下端を接着して作ることができる．さらに，ふたつ穴が空いたドーナツ状の曲面の場合は 8 色で彩色できることを示す絵ハガ

キが私の手元にある．ただしこれは典型的な地図を8色で塗り分けている図であって，定理の一般的な証明をした図ではない．

パズリストのガードナー（M. Gardner）は科学雑誌 *Scientific American* の1975年4月号の記事で，4色では彩色できない地図を示した．この地図は110の領域がある．マッグレガー（William McGregor）が見つけたもので，1978年の組合せ理論の学術雑誌に詳しい報告が出ると書いてある．本人はエイプリルフールのつもりだったが，このグラフを4色で彩色して，誤った記事だと書いた投書が編集部に殺到したという．本文をよく読めば，3年後まで論文が出ないはずはないなど，冗談だとすぐ分かるはずであるが，図面とそのキャプションだけ見て，早合点した読者が多かった．実は筆者もその1人であった．その記事を見た直後の授業で，4色問題の反例が雑誌に出ていたと話した．夕方から会議があって，深夜自宅に戻ったところ，学生の1人からあのグラフは4色で彩色できたという電報が届いた．あわてて雑誌の記事を読み返して，冗談だと分かり，翌日訂正した．

図 11.6 ガードナーが冗談で示した「4色で彩色できない地図」

提示されてから長い期間未解決の問題の中には，決定不能の問題もある．4色問題を，そうした決定不能の問題の代表の，チューリング機械停止問題に帰着でき

ないかを検討している研究グループもあった．またコンピュータを使って，小さなグラフから順にすべてのグラフを4色で彩色できるかどうか，しらみつぶしで調べている研究グループもあった．1970年代半ばの時点では，節点数が約100までのすべてのグラフについて，4色で彩色できることを確めた段階であった．

*

1976年夏に，アメリカのアペル（K. Appel）とハーケン（W. Haken）の2人が，コンピュータを用いて4色問題を解決したというニュースが報道された．数学の有名な難問をコンピュータを用いて解いたことも画期的であった．彼らの方法は，ケンペの証明方法と同様な筋道をたどることを基本にしていることから，誤った証明を提出したとして忘れられかけていたケンペの名前が再び脚光を浴びることになった．ケンペの犯した誤りを回避するために約2000通りのパターンの場合分けを行って，それぞれの場合について4色が必要十分であることを，放電法という手法で調べていった．このとき手作業でなくコンピュータのプログラムを利用している．

コンピュータで解決したといっても，人工知能のようなものではない．本書でも何度か述べたような具体的な事例の枚挙と，その中に潜んでいるパターンの発見，そしてそのパターンから一般規則を樹立するという流れに沿っている．この作業のルーティン部分が複雑で大規模になるため，コンピュータを用いたのであった．したがって，当初はこのコンピュータによる作業自体が正しく実行できているかどうか確信をもてない数学者が多かった．しかも，すぐに追試できる代物でもなかったため，数学の問題解決にコンピュータを用いることに関する論議が盛んになった．

幸いに，4半世紀を過ぎた現在まで，この4色問題の解決を覆す反証は出ておらず，学界でもこの結果とコンピュータを用いた手法を容認している．それまでは，数学の証明は，提示に比べればその検証は相対的に容易と考えられていた．証明過程の一部にコンピュータプログラムの実行を含むようになって，検証も困難になった．しかし考えてみると，コンピュータを使わない証明の中にも，実は誤っていたにもかかわらず，しばらくその誤りに気づかなかった例もあり（たとえばケンペによる4色問題の証明など），証明の検証が容易でないことは，コンピュー

タ使用の有無にはよらないかもしれない．

＊

　地図からグラフを得たときの操作は，領域を節点に対応させ，領域同士が辺で接する場合に枝を対応させて，領域と辺の図を節点と枝のグラフに変換した．この操作で得たグラフを，双対グラフ（dual graph）とよぶ．ここでできたグラフにもう一度同じ操作を施すと，もとのグラフに戻る．

　地図のように，平面に描いて辺が交差することがない場合（これを平面グラフとよぶ），双対グラフも平面グラフになる．たとえば，正6面体（立方体）を押し

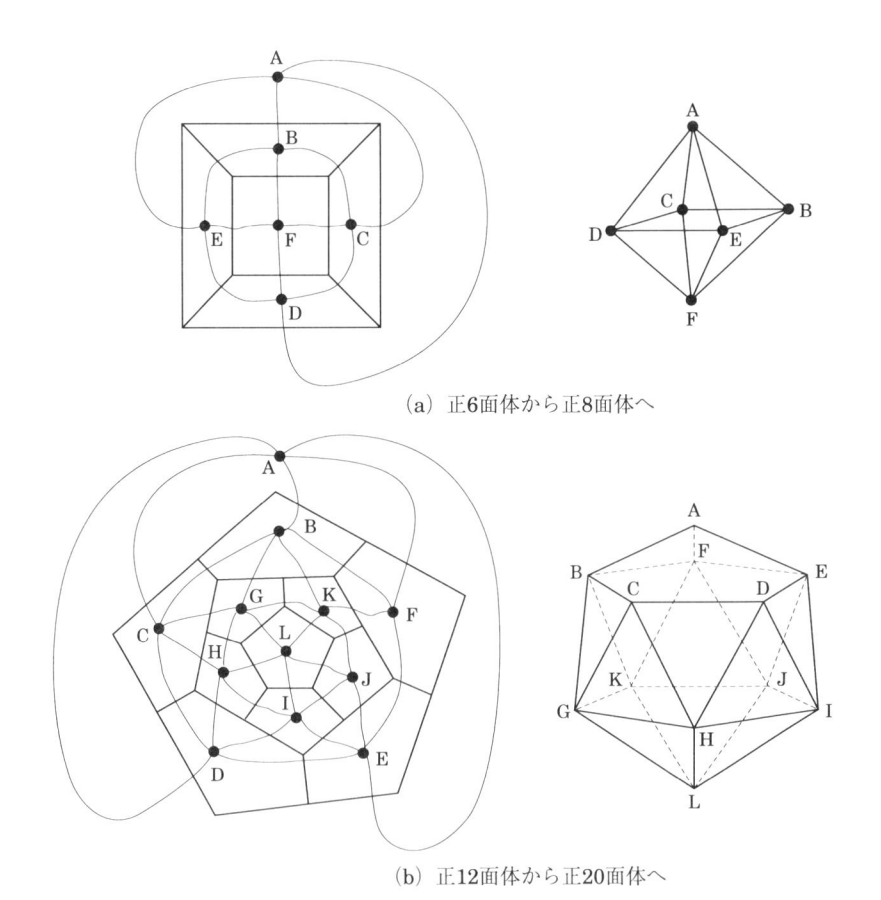

(a) 正6面体から正8面体へ

(b) 正12面体から正20面体へ

図 11.7　双対グラフ

つぶした図の双対グラフを描くと，正8面体を押しつぶした図になる．このことから，正6面体と正8面体は双対関係にあるという．同様のことは，やや複雑なグラフではあるが，正12面体と正20面体についても成立する．正12面体と正20面体は双対関係にある．正4面体については，自分自身と双対な関係になる．

● **参考文献**
- 戸川隼人，有澤　誠（編著）：アルゴリズムの道具箱，サイエンス社，2000．
- 有澤　誠，西村俊介：アルゴリズムとデータ構造，実教出版，1998．
- 数学セミナー編集部（編）：数学100の問題 数学史を彩る発見と挑戦のドラマ，日本評論社，1999．
- 一松　信，竹之内　脩（編）：（改訂増補）新数学事典，大阪書籍，1979/1991．
- Oystein Ore : Four Color Problem, Academic Press, 1967.
- Martin Gardner : Time Travel and Other Mathematical Bewilderments, Freeman, 1986.
 (*Scientific American* 1975年4月号の記事を収録)

12

木 構 造

　抽象グラフの中でも，木構造は応用範囲が広い．木構造には，一般の網状のグラフに埋め込んだものと，枝に最初から上下の方向がついていて，自然界の木のように根から幹や節を通って枝や葉に至る構造をもつものとがある．

*

　木構造は，枝に環状の構造をもたないグラフのことである．枝に沿って節点をたどったとき，出発点に戻ることがない．連結グラフが木構造をしていると，どの節点からでも別の節点に達する経路がある．網状のグラフの中で，そのような

(a) もとのグラフ

(b) スパニング木　　　　　(c) 別のスパニング木

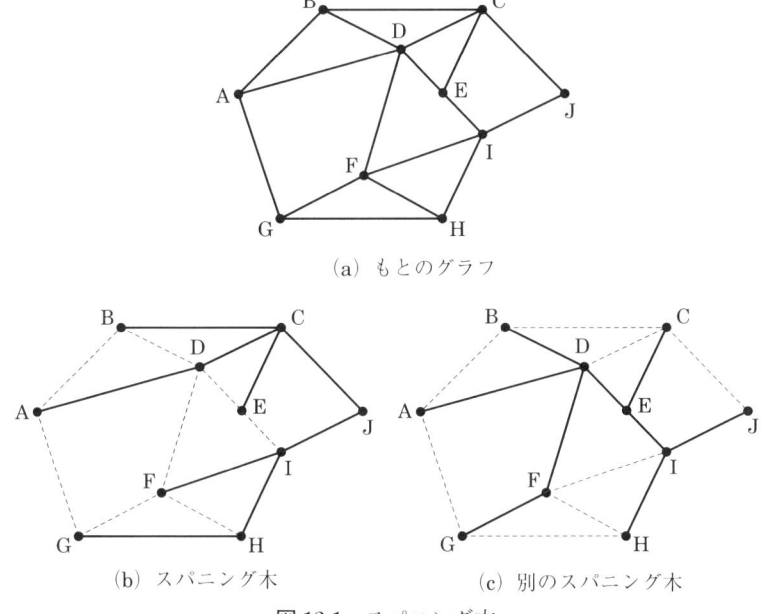

図 12.1　スパニング木

木構造だけ抜き出したもののことを，スパニング木とよぶ（図12.1）．

　たとえばグラフの節点が都市を表し，枝が都市を結ぶ道路を表すとする．その道路の中の一部を自動車専用道路に拡幅したい．このとき，ある町から別の町に自動車専用道路だけを通って行くことができるような最小の道路計画を選ぶと，それがスパニング木になる．もし，候補となる道路に建設コストを付記しておくと，全体のコスト合計が最も小さくなるようにスパニング木を選ぶことが，現実的な問題になる．あるいは候補となる道路に交通量の予測値を付記しておいて，それぞれの道路についてコストを交通量で割った値の合計を最も小さくするようにスパニング木を選ぶことも，説得力がある．さもないと，建設費は安いけれども不便な道路になってしまう恐れがある．こうした事情は，鉄道路線や航空路線についても同様である．

*

　一般に，航空路はハブ構造をとることが多い．すなわち，根幹となる大きな空港をいくつか建設する．これをハブ空港とよぶ．残りの都市には小さな空港を作っておき，航空便は最寄りのハブ空港までのシャトルにしておく．すなわち，近くの町の空港から，いったんハブ空港まで行き，それから目的地に近いハブ空港まで飛び，そこから目的地の空港に行く，という3段方式にする．直通便を種々の組合せで用意することに比べて，経済的に効率がよい．アメリカでは，航空会社によって，シカゴ空港，ピッツバーグ空港，セントルイス空港，アトランタ空港などをハブ空港として使っている．これらのハブ空港は，そこ自体が出発地や目的地の旅客もさることながら，そこを中継の乗継ぎ空港として使う乗客がきわめて多いことが特徴である．

*

　アメリカの観光地では，名所を回るバスツアーについても，ハブ構造をとることがある．まず，早朝に観光客が宿泊しているホテルをバスが回って，ツアー客をバスセンターまで運ぶ．そこから，行く先別の観光バスに客を振り分ける．夕方には，それぞれの観光地からバスセンターに戻って，各ホテルに送りとどける．ただし，帰途のほうは時刻の同期がむずかしいため，それぞれのバスが乗客の宿泊ホテルだけを回る方法をとることも多い．

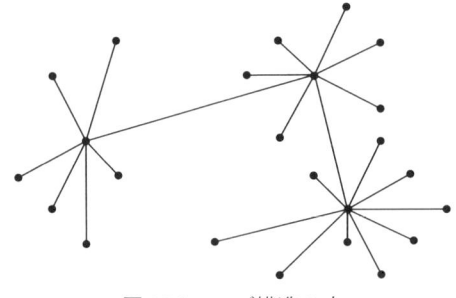

図 12.2　ハブ構造の木

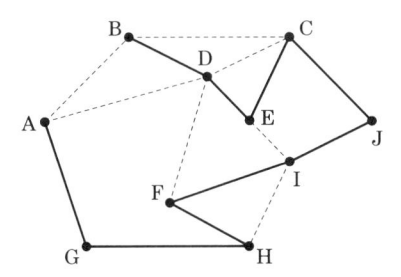

図 12.3　1本の折線のようなスパニング木

　こうしたハブ構造は，スパニング木でもいくつかの節点に枝が集中している独特の木構造である(図 12.2)．それに対して，あまり枝の分岐がない，1本の折線のような形のスパニング木もある(図 12.3)．外国の小さな町の道路はこちらに近い．メインという名前の1本の道に沿って，家々が並んでいるような構造である．

＊

　こんどは，本質的に木構造になっているほうの例をあげる．木構造の例として，しばしば取り上げるものが家系図である．しばしば先祖を根の位置に，子孫を葉の位置に描いた家系図を見かける．しかし実際はその逆のほうが分かりやすい家系図になる．

　まず自分自身を，出発点の節点とする．これを根(root)とよぶ．自分の両親をふたつの節点で表し，根から矢印を引く．矢印は子（child）から親（parent）に

向うことになる．木構造を上から下に向かって成長させていくように描く場合は，父親を右側，母親を左側などのように決めておくと分かりやすい．もし木構造を左から右へ向かって成長させていくように描くなら，父親を上側，母親を下側などのように決める．

両親を表す節点それぞれについて，その父親（私から見れば祖父）と母親（祖母）を表す節点を全部で4個描く．やはり子から親に向かう矢印の枝を書く．以下同様に，次々と先祖の節点を書き加えていくと，家系図が完成する（図12.4参照）．5代目なり10代目なりで止めれば，最後の末端の節点が葉（leaf）になり，2の5乗個，あるいは2の10乗個の葉をもつ二進木になる．

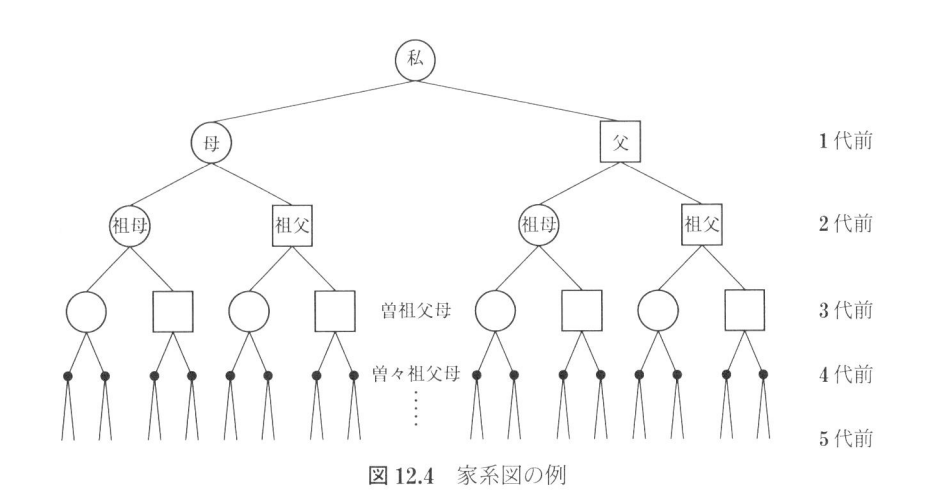

図 12.4 家系図の例

このようにして描いた家系図は，代を増すにつれて2のべき乗で節点の数が増えていく．しかし，どこかの時点で，同じ人が複数の場所に現れるはずである．最後はアダムとイヴの2人に収束するとまではいかなくても，昔のほうが人口は少なかったはずだから，無数の人が出てくるわけではない．もし，同一人物を一ヶ所にまとめてしまうと，実は厳密には木構造ではなくなる．しかし，タイムマシンが出てくるSF小説のような，自分の子孫が自分の先祖という現象は生じないから，木構造に準じたものとみなしても実害はない．フィクションの世界で親子関係が複雑に絡まる作品の例としては，広瀬正の『マイナスゼロ』がお勧めであ

る．これは直木賞候補にもなったSFの名作である．いかにも情報数学に関連しそうな表題ではないか．

＊

歴史の本に出てくる家系図は，父親から男の子へと家督を相続するような形での木構造になっているものが多い．特に，王様の跡継ぎを誰にするか決めるときに，この父と息子の家系図の上で血縁が濃い順に王位継承順位を決めた国が少なからずあったのであろう．しかし，イギリスではヴィクトリア女王(1837年即位)やエリザベス女王（II世，1953年即位）など，女性が王位を継承することも珍しくない．他のヨーロッパの王室でも同様である．日本にも，昔は推古天皇(593年即位)や持統天皇(687年即位)など女性の天皇がいた．そのような場合，男子だけの家系図では不十分になる．しかし，男子と女子を含めて親から子に矢印を引く形をとると，やはり厳密には木構造ではなくなる．

＊

因果関係を木構造で表すとき，原因のほうから結果のほうに向けて矢印を書きたい．だから家系図でも親から子に矢印を向けたくなる．（親の因果が子に報い，とも言いますね．）因果関係の木構造としては，文献の引用/参照のようすを木構造に描いたものが，教科書用の例題として分かりやすい．ある文献を別の文献が引用したら，引用された文献を表す節点から，引用した文献を表す節点に向かって矢印を引く．同時に出した文献が相互引用するといった特殊な場合を除けば，文献を，それを出版した時系列に沿って並べることで，因果関係が逆転することは生じない．ふたつの枝を介して間接的に引用した結果になる場合が「孫引き」，もう一段中間が増えると「曾孫引き」になる．かなり古い文献でも，中間の文献なしで直接に引用すれば，それは親子関係になり，直接矢印を引く．

＊

通常，何かの研究をするときは，対象の問題を直接扱っている論文や，関連分野の主要な論文を読むことから始める．現在まで何が分かっており，どんな方法で研究が進んでいるかを把握した上で，自分の研究方向や研究手法を選ぶ．また，関連研究を，どの研究機関の誰がやっているかという情報も，研究者にとって重要である．そうした調査の結果が，論文の「研究の背景」の章や，末尾の参考文

献リストに表れる．新しい論文を読むとき，まず末尾の文献リストに目を通す読者も少なくない．

　学術の世界では，たくさん論文を書くことも大切であるが，より多くの論文で引用されるような論文を書くことのほうがもっと重要である．多くの論文で引用される研究成果は，その学問分野でインパクトの大きい業績であることが多いからである．多くの研究者たちが読み，その論文で参考文献として引用している論文は，研究者仲間から高い評価を受けたことの証である．米国に本社がある世界最大の科学情報会社 ISI は，過去何年かごとの科学技術論文の引用頻度に関する統計データを発表している．日本にある大学や研究所に所属する研究者の論文は，発表件数に比べて引用される頻度が低いという指摘もある．英語でなく日本語で発表する機会が多いというハンディキャップもあるが，影響力が今ひとつであることには違いない．最近は，こうした逆引き件数の計算を，コンピュータが自動的に検索し，データ提供している学会も増えてきた．

　ある学問分野が成熟してくると，こうした代表的な論文を集めた論文集（アンソロジー）を編纂して，若手研究者の便宜を図るようになる．苦労して原典を探さなくても，こうした論文集を1冊手元に置くだけで，古典的な論文の多くを参照できる．大学院の博士課程の学生の教材にも，こうした論文集を使うことがよくある．そのような論文集を見て，相互の引用関係をグラフに描いてみると，きれいな因果関係を示す木構造になることが多い．

*

　木構造では，枝がバランスしている形が自然で美しい．コンピュータで問題を解決するとき，バランスのとれた木構造の形にデータを配置しておくと，そのようなデータを処理するアルゴリズムも効率がよくなることが多い．枝の数が2以下の木を二進木（binary tree）とよぶ．情報科学の進歩とともに，バランスのとれた木構造の研究も進んだ．バランス木（B木），AVL木などである（図12.5）．これらは，二進木で左右の枝がバランスしているという性質をもつ木構造をさす．このBは平衡（balance）の省略形であり，AVLという名前は提案者たち（G. M. Adelson-Vel'skii, Y. M. Landis）の名前からとったものである．他にも，左右の枝の下にある部分木の高さの比が2以下になるような平衡二進木を赤黒木とよ

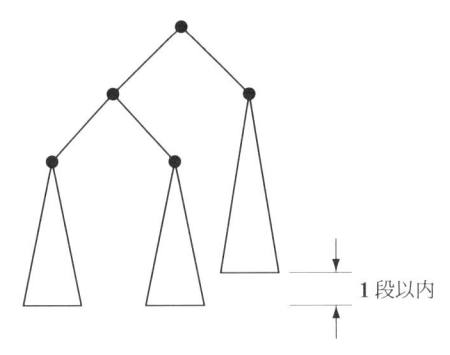

図 12.5　AVL木

ぶ．また枝の数を 2 または 3 に限定した 2-3 木をはじめ，枝の数を 2 未満と限定しない木を多分木についてバランスのとれたものにも，種々の特徴づけをした構造がある．

　全体で N 個の要素があるとき，バランスのとれた二進木構造に配置すると，木の高さ（深さ）は $O(\log N)$ になる．したがって，特定の要素を検索する平均手数も $O(\log N)$ になり，N の値が大きくなっても，処理効率はよい．

＊

　情報数学では，木構造の節点を根から葉にたどるとき，その水準に応じて交互に AND 節点と OR 節点を対応づける，AND-OR 木という構造を扱うことがある

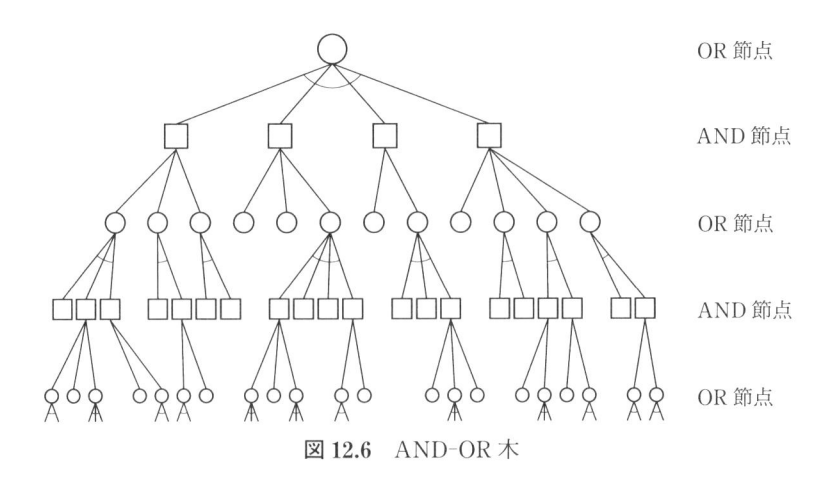

図 12.6　AND-OR 木

(図12.6)．これは人工知能研究の中でゲイムをするコンピュータプログラムが扱うデータ構造である．ゲイム木とよぶこともある．

先手と後手が交互に指手を選ぶゲイムで，それぞれの指手を枝分かれ構造で表す．先手の手番では，可能な候補手の中から，先手にとって最も有利なものを選ぶことができる．もしひとつでも必勝を保証する指手が見つかれば，残りの候補手は調べる必要がない．これが OR 節点である．後手の手番では，後手にとって最善（先手にとって最悪）な状況が何かを判断する必要がある．ここでも先手必敗となる指し手が見つかった場合には，残りの候補手は調べる必要がない．これが AND 節点である．

このような AND–OR 木を探索する場合には，枝の一部について探索を省略（枝刈り）できる．先手必勝を 1（真），先手必敗を 0（偽）という真理値を，それぞれの節点に対応づけするとき，枝の先の値の AND をとるか，それとも OR をとるかで AND 節点と OR 節点という命名になった．

先手の手番では，ひとつでも先手必勝（1 の値）となる枝があれば，その値をそのまま採用できる．後手の手番では，ひとつでも先手必敗（0 の値）となる枝があれば，その値をそのまま採用しなければならない．これが，それぞれ AND 演算と OR 演算に対応している．

*

これまでに，厳密には木構造でない，という表現をした箇所がいくつかある．その内容には，大きく 2 種類ある．

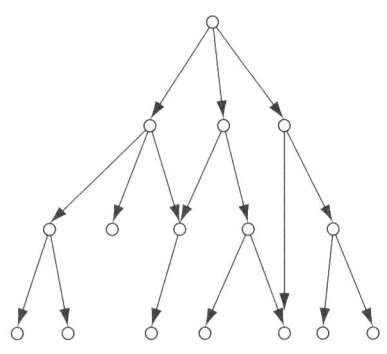

図 12.7　共有節点をもつ疑似木構造

(1) ある節点が，複数の場所に現れているが，環構造にはなっていない．すなわち，根の節点からある節点に達する経路が複数ある．そのような節点のことを，共有節点とよぶこともある（図 12.7）．
(2) ある節点から，いくつかの枝をたどることで，もとの節点に戻る環構造になっている．これは，再帰的構造(recursive structure)とよぶこともある（図 12.8）．

現実の応用には，ある節点の親節点が複数個存在する．共有節点を複雑に絡ませた構造がよく現れる（図 12.9）．

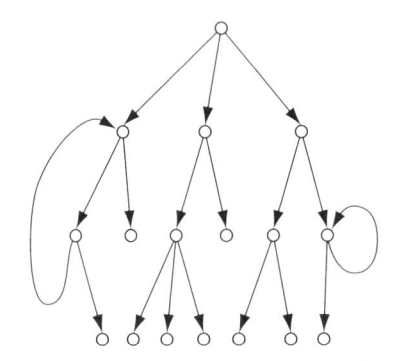

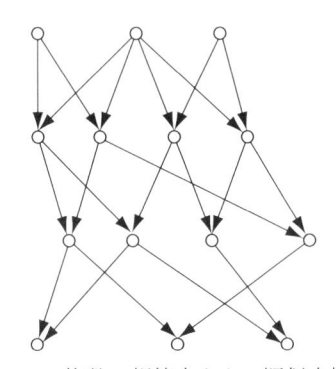

図 12.8　再帰的構造をもつ疑似木構造　　図 12.9　複数の親節点をもつ疑似木構造

本来は木構造でないものも，疑似木構造などとして木構造といっしょに論じる理由は，木構造が理論的に整っていることから，多くの研究成果が得られており，理論的な扱いにも実用的な扱いにも便利だからである．そこで，一部分木構造の定義を緩めた上で，得られている研究成果を少し修正した適用しようとする方法も，意味をもってくる．

● 参考文献
・戸川隼人，有澤　誠（編著）：アルゴリズムの道具箱，サイエンス社，2000．
・有澤　誠，西村俊介：アルゴリズムとデータ構造，実教出版，1998．
・数学セミナー編集部（編）：数学 100 の問題 数学史を彩る発見と挑戦のドラマ，日本評論社，1999．
・一松　信，竹之内　脩（編）：(改訂増補) 新数学事典，大阪書籍，1979/1991．

- 島内剛一, 有澤　誠, 野下浩平, 浜田穂積, 伏見正則（編）：アルゴリズム辞典, 共立出版, 1994.
- 広瀬　正：マイナスゼロ, 集英社．（タイムマシンが出てくる SF 小説で, 親子関係に複雑な構造が生じる作品の傑作のひとつ）

13
フローグラフ

　情報数学のグラフの話題には，フローグラフ（flow graph）を欠かすことはできない．何かの流れを，抽象グラフの形にモデル化することは，人間が自然に理解できると同時に，コンピュータで扱う場合にも便利である．通常は，フローを矢印の枝で表した有向グラフになる．節点は，フローの分岐点や合流点を示す．ときには，この節点にフローを制御するような機能まで含めて描くこともある．

*

　実世界のものの流れ（物流）や情報・データの流れ（データフロー）などを，フローグラフに描いておくと，グラフのもつ性質を適用できる．たとえば，ある節点に入るフローの総和は，その節点から出るフローの総和に等しい．これをキルヒホフ（Kirchhoff）の法則という．電気回路では，電流をフローとみなしたとき，回路図はフローグラフになる．そこでは，キルヒホフの第2法則が，ここで述べたある節点に入る電流の総和が，その節点から出る電流の総和に等しい性質である．フローグラフのキルヒホフの法則は，電気回路の場合を一般のフローグラフに適用したものである．

*

　コンピュータプログラムをフローグラフに描くと，プログラムの制御の流れを表したものとみることができる(図13.1)．このとき，キルヒホフの法則を適用すると，プログラムのどの場所にどのくらい実行が集中・分散しているかを分析できる．アルゴリズムの数理的解析の手法のひとつは，フローグラフの分析から始まる．また，高水準プログラミング言語のプログラムを機械語や低水準の中間言語に翻訳するコンパイラでも，字句解析，構文解析，意味論解析，コード生成という処理の流れの途中でフロー分析をすることで，効率のよいコード生成ができ

る．これをコンパイラの最適化とよぶことが多い．

＊

　プログラミングで出てくる流れ図も，英語ではフローチャート（flow chart）である（図 13.2）．これもフローグラフの仲間である．流れ図は基本的に，処理を表す長方形と，判定分岐を表す菱形を，処理の流れを表す矢印で結んだ形をしている．流れ図に描くと，プログラムのふるまいを把握しやすくなる．しかしプログラムの設計の際にまず流れ図を描くという方法は，必ずしもよいプログラムにならないという経験則がある．むしろ，いったん書いたプログラムを分析したり，誤りを検出したり，他の人に処理ロジックを説明したりする際に，流れ図を描くと効果的である．流れ図はプログラミングでは事後的に用いることが，この分野では一般的になった．

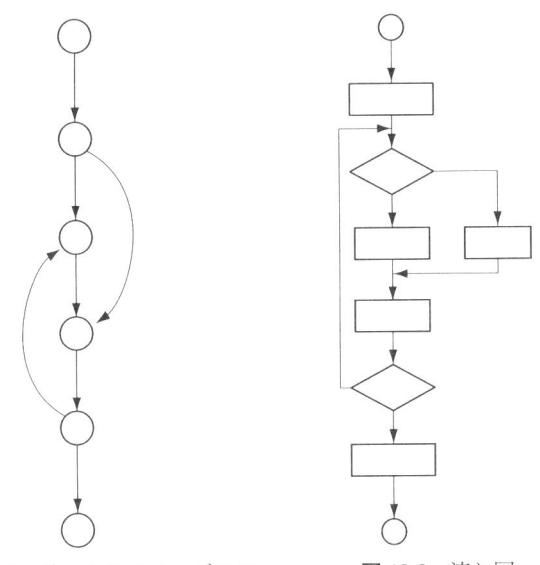

図 13.1　プログラムのフローグラフ　　**図 13.2**　流れ図

　流れ図では，長方形や菱形の中に何を書いてもよい．プログラミング言語の $x=(y/z)$ などの文や，$(x \geq y)$ などの条件式のように，かなり具体的な記述を書くことができる．あるいは，「配列 $a[N]$ をソートする」などおおまかな処理や，「配列 $a[N]$ がソート済の場合」などのおおまかな条件を書いてもよい．同じ構造をもつ

図面でありながら，記述の抽象度を自由に選べることが，流れ図の価値を高めている．

実は，これはフローグラフ全般についていえることである．何を枝（フロー）として捉え，何を節点に対応させるかの自由度は大きい．抽象グラフの中で，特にフローグラフを情報の分野で使うことが多い理由は，ここにある．ひとことで「情報の流れ」と言っても，そこにはさまざまな抽象水準がある．それをひとつの比較的単純なグラフでモデル化できるところに，フローグラフの特徴がある．

*

OR（operations research）では，フローグラフに基づいたモデル上の最適化問題を扱っている．いくつかの節点で何かを生産し，いくつかの節点でそれを消費する．生産地から消費地への物流を支える交通運輸網をフローグラフに描く．矢印には，その経路で単位時間に流すことのできる容量を付記しておく．このとき，複数の生産地節点から，いくつかの中継節点を通って，複数の消費地節点まで，できるだけ多く届けるための計画を立てることが問題になる．この問題は，インターネット上で顧客から受けた商品を，倉庫から効率よく配送する場合に，どの経路にどれだけの量を配分するかという形で，現在でも日常的に現れている．

このことをフローグラフでは，最大流（maximum flow）の問題とよぶ．このとき，最大流最小カット定理が指針を与えてくれる．発見者の名前をとってフォード-ファーカースン（Ford-Fulkerson）の定理ともよぶ．フローグラフの最大流は，ある枝の集まり（切断集合）の容量の総和が最大になるもので表すことができる（図 13.3）．これは生産地と消費地を結ぶ経路の途中で，輸送容量が少なくボトルネックになっているいくつかの枝を選ぶことで，最大流を計算している．逆に言えば，最大流の値を大きくしたい場合は，そうしたボトルネック部分の容量を増やすように，たとえば道幅を拡張したり，運行している航空機や船や列車の便数を増やしたり，バイパスを新設したりすればよい．

*

最適化問題をフローグラフを用いて解く別の例として，CPM（critical path method）をあげることができる．日程計画をたてるとき，個々の作業を矢印で表して，そこに必要な時間（たとえば日数）を付記する．ある作業を開始するため

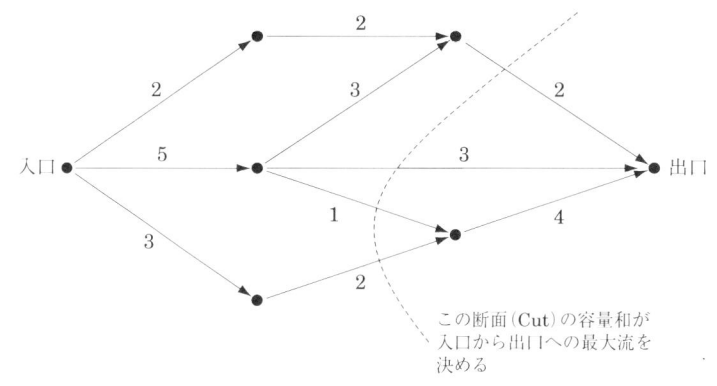

図 13.3 最大流最小カットの定理の例

(この断面（Cut）の容量和が入口から出口への最大流を決める)

に，すでにどの作業が終了している必要があるかを，フローグラフに描く．いくつかの作業は並行して実施できるが，いくつかの作業には順序がつくこのとき，全体の作業群の開始から終了までの最短時間（日数）を，フローグラフから計算することができる．

簡単な CPM の例を図 13.4 にあげておく．詳細は，システム論などの本に出ている．

*

他にも，たとえば大規模のソフトウェア開発では，まず対象世界をデータフローダイアグラム（dataflow daigram）に描いて，そこからソフトウェア設計を始

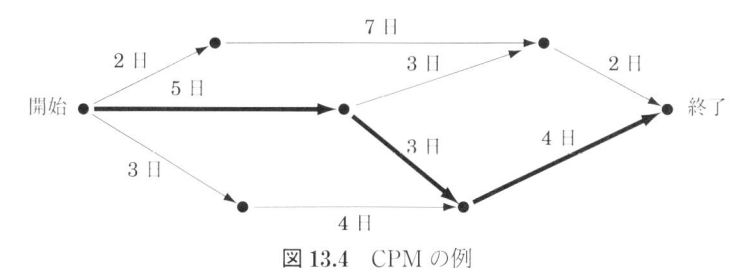

図 13.4 CPM の例
すべての経路を並行して通って開始から終了に至るには12日かかる．時間の余裕がない部分（太線）がクリティカルパスになる．

める手法が確立している．最近は，データフロー図の代わりにオブジェクト指向の図を用いることも増えているが，実世界での情報の流れをモデリングする点は変わっていない．

●**参考文献**
- 戸川隼人，有澤　誠（編著）：アルゴリズムの道具箱，サイエンス社，2000．
- 数学セミナー編集部（編）：数学100の問題 数学史を彩る発見と挑戦のドラマ，日本評論社，1999．
- 一松　信，竹之内　脩（編）：(改訂増補) 新数学事典，大阪書籍，1979/1991．

［コンパイラ作成法の教科書］
- 有澤　誠，武山政直：環境情報とシステム，日新出版，1999．
- 有澤　誠：オリエンテーション コンピュータサイエンス，日本評論社，2000．

【図5.2（47ページ）の答え】問題の左端を縦方向に読むと「はなやのとなり」ですから，答えはBです．

索　引

■あ行

厚川昌男　84
アペル（K. Appel）　103
鮎川哲也　44
アラビア数字　2
泡坂妻夫　84
暗証番号　38
AND-OR 木　112

1次式　87
伊理正夫　15, 99
因果関係　28, 110

AVL 木　111
エラトステネス（K. Eratosthenes）　11
演算子　78
円周率　6, 13

オイラー（Leonhard Euler）　56, 99
オイラーグラフ　99
オートレッド（W. Oughtred）　13
オブジェクト指向モデリング　68

■か行

階乗　37
ガウス（C. F. Gauss）　15
ガウスの公式　15
確率　18
家系図　108
掛け算　4
可視化　96
数え年　2
カタラン（Eugene C. Catalan）　56
カタラン数　56

ガードナー（M. Gardner）　49, 102
金田康正　15
環　81
関係　68, 86

幾何平均　31
記号処理言語　59
木構造　106
逆関数　92
逆元　81
逆写像　76
逆引き　111
既約分数　5
共有節点　114
キルヒホフ（G. R. Kirchhoff）　116
キルヒホフの法則　116
キーワード検索　64
巾等法則　78

組合せ　39
グラフ　95
群　81
群論　80

ゲイム木　113
結合法則　78
決定不能の問題　102
ケーニヒスブルグ　99
源氏香　51
ケンペ（A. B. Kempe）　101

交換法則　78
交代群　82
互換　82
ゴスパー（W. Gosper）　16

コントラクトブリッジ　19

■さ行

再帰的構造　114
サイコロ　18, 19
最大流最小カット定理　118
最大流の問題　118
最長一致法　65
最頻値　30
索引　60
差分方程式　49
算術平均　31

四元群　83
四元数　8
辞書式順序　59
自然数　1
実数　6
CPM　118
四分位偏差　33
写像　73
シュテルマー（F. C. M. Störmer）　16
巡回群　81
順序関係　70
順列　37
小数　6
剰余数　10

推移律　69
数　1
数字　1
数直線　6
スターリング（James Stirling）　52
スターリング数　52
スパニング木　107

正規分布　30
整数　4
接点接続行列　98
ゼロの発見　2
全順序関係　71

双対グラフ　104
束　73
素数　11
素数生成多項式　13
ソート　72

■た行

体　81
ダイクストラ（E. W. Dijkstra）　97
対称律　69
代数　78
大数の法則　16, 24, 34
代表値　30
高橋潤二郎　30
単位元　80
単項演算　78
誕生日の一致　26

置換　76, 82
置換群　82
中央値　30
中国人の剰余定理　10
抽象グラフ　96
チュドノフスキー（D. V. Chudnovsky）　16
チュドノフスキー（G. V. Chudnovsky）　16
チュドノフスキー-チュドノフスキーの法則　16
超越数　6
調和平均　32

土屋隆夫　44

データフロー　116
データフローダイアグラム　119

同一法則　78
等価関係　68
統計　28
同値関係　68
同値類　70
特性関数　77

■な行

並べ替え　59

二項演算　78
二項係数　41
二項定理　42
二項分布　30
２次方程式の根の公式　49
二進木　111
日程計画　118
二面体群　83

年齢の数えかたに関する法律　3

■は行

ハーケン（W. Haken）　103
パスカル（Blaise Pascal）　41
パスカルの三角形　41
パスワード　38
ハブ構造　107
ハミルトン（W. R. Hamilton）　99
ハミルトングラフ　99
バランス木　111
半群　80
反射律　69
半順序関係　72
反対称律　70

BMI　87
B木　111
左消去法則　78
一筆書き　99
百五減算　8
標準偏差　33

ファーカースン（D. R. Fulkerson）　118
フィネス　20
フィボナッチ（L. Fibbonacci）　48
フィボナッチ数　48
フォード（L. R. Ford Jr.）　118
フォード-ファーカースンの定理　118

複素数　7
複素平面　7
負数　4
双子素数　12
フローグラフ　116
フローチャート　117
文献の引用/参照　110
分散　33
分数　5
分配法則　81

平均値　30
ベル（Eric T. Bell）　50
ベル数　50
偏差値　33

ポーカー　20

■ま行

満年齢　2

右消去法則　78
三つ巴構造　73

無限小数　6
無向グラフ　96
無理数　6

メルセンヌ（M. Mersenne）　12
メルセンヌ素数　12

文字列　59
文字列照合　65

■や行

有向グラフ　96
有理数　6

4色問題　101

■ら・わ行

リスト　59

ルーカス（E. A. Lucas） 13

レシデュー数 10

ローマ数字 1

和田英一 15

著者略歴

有澤　誠（ありさわ　まこと）

1944年　中国に生まれる
1967年　東京大学工学部計数工学科卒業
現　在　慶應義塾大学環境情報学部教授・工学博士
主　著　『ソフトウェア工学』（岩波書店）
　　　　『文科系のコンピュータ概論』（岩波書店）
　　　　『アルゴリズム辞典』（共編著，共立出版）

情報数学の世界1
パターンの発見―離散数学　　　定価はカバーに表示

2001年5月25日　初版第1刷

著　者　有　澤　　　誠
発行者　朝　倉　邦　造
発行所　株式会社　朝　倉　書　店
　　　　東京都新宿区新小川町6-29
　　　　郵便番号　162-8707
　　　　電　話　03 (3260) 0141
　　　　ＦＡＸ　03 (3260) 0180
　　　　http://www.asakura.co.jp

〈検印省略〉

© 2001〈無断複写・転載を禁ず〉　　新日本印刷・渡辺製本

ISBN 4-254-12761-8　C 3341　　　　Printed in Japan

理科大 戸川美郎 著
数学の世界 1
ゼロからわかる数学
――数論とその応用――
11561-X C3341　　A5判 144頁 本体2500円

0, 1, 2, 3, …と四則演算だけを予備知識として数学における感性を会得させる数学入門書。集合・写像などは丁寧に説明して使える道具としてしまう。最終目的地はインターネット向きの暗号方式として最もエレガントなRSA公開鍵暗号

前東工大 志賀浩二 著
〈生涯学習〉はじめからの数学 1
数について
11531-8 C3341　　B5判 152頁 本体2700円

数学をもう一度初めから学ぶとき"数"の理解が一番重要である。本書は自然数、整数、分数、小数さらには実数までを述べ、楽しく読み進むうちに十分深い理解が得られるように配慮した数学再生の一歩となる話題の書。【本文二色刷】

前東工大 志賀浩二 著
〈生涯学習〉はじめからの数学 2
式について
11532-6 C3341　　B5判 200頁 本体2900円

点を示す等式から、範囲を示す不等式へ、そして関数の世界へ導く「式」の世界を展開。〔内容〕文字と式／二項定理／数学的帰納法／恒等式と方程式／2次方程式／多項式と方程式／連立方程式／不等式／数列と級数／式の世界から関数の世界へ

中大 小林道正・東大 小林 研 著
LATEXで数学を
――LATEX2ε + AMS LATEX入門――
11075-8 C3041　　A5判 256頁 本体2800円

LATEX2εを使って数学の文書を作成するための具体例豊富で実用的なわかりやすい入門書。〔内容〕文書の書き方／環境／数式記号／数式の書き方／フォント／AMSの環境／図版の取り入れ方／表の作り方／適用例／英文論文例／マクロ命令

九州工業大学情報科学センター 編
ワークステーションでの暮らし方
――インターネット時代のUNIX入門――
12120-2 C3041　　B5判 276頁 本体2800円

インターネット時代のコンピュータ・リテラシー。〔内容〕WSの基礎知識／Xウィンドウの使い方／文章の作成（Mule, canna）／インターネット（Netscape, 電子メール、ネットニュース, HTML）／UNIX・プログラミング／LATEX入門／他

九州工業大学情報科学センター 編
インターネット時代のフリーUNIX入門
――Linux, FreeBSDを用いた情報リテラシー――
12148-2 C3041　　B5判 288頁 本体2900円

"情報、ネットワーク、マルチメディア"をキーワードにした情報処理基礎教育のテキスト。〔内容〕UNIXの基礎／エディタの使い方／電子メール・Webページの利用法／pLATEX／作図ツール／UNIXコマンド／各種プログラム言語

静岡大 三浦憲二郎 著
はじめてのJavaプログラミング
12133-4 C3041　　A5判 208頁 本体2800円

Java言語で、プログラミングという視点からコンピュータの動作原理を理解することをめざした珠玉の一冊。〔内容〕初めてのプログラミング／Javaによる簡単プログラム／コンピュータの動作原理／オブジェクト指向／Java言語総説／他

J. ゾーベル 著　CSK 黒川利明・黒川容子 訳
コンピュータサイエンスの
英語文書の書き方
10173-2 C3040　　A5判 192頁 本体3200円

計算機科学・数学的内容を含む論文やレポートの文体を解説し、発表にまで言及した入門書〔内容〕論文／文体：一般的ガイドライン／文体：具体的なこと／句読点／数学／グラフ、図、表／アルゴリズム／仮説と実験／編集／査読／短い講演

G. ジェームス／R.C. ジェームス 編
前京大 一松 信・東海大 伊藤雄二 監訳
数学辞典
11057-X C3541　　A5判 664頁 本体20000円

数学の全分野にわたる、わかりやすく簡潔で実用的な用語辞典。基礎的な事項から最近のトピックまで約6000語を収録。学生・研究者から数学にかかわる総ての人に最適。定評あるMathematics Dictionary (VNR社, 最新第5版)の翻訳。付録として、多国語索引（英・仏・独・露・西）、記号・公式集などを収載して、読者の便宜をはかった。〔項目例〕アインシュタイン／亜群／アフィン空間／アーベルの収束判定法／アラビア数字／アルキメデスの螺線／鞍点／e／移項／位相空間／他

上記価格（税別）は 2001 年 4 月現在